B E A U T Y

C U L T U R E

뷰티컬처와 트렌드

& T R E N D

구민사

박소정(Park So Jeong)

현 신한대학교 디자인예술대학 K-뷰티학과 교수
신한대학교 경기북부개발연구원 뷰티향장융합연구소 소장
(사)한국일러스트레이션학회 이사
대한미용학회 상임이사
KSIR디자인&일러스트레이션 국제공모전 운영위원
전 월드프렌즈 KOICA 미용직종 메이크업 직무교육강사
경기도의회 정책토론대축제 주제발표위원
미스인터콘티넨탈 수도권선발대회 심사위원
Taiwan Hair & Make up International Competition 심사위원

오인영(Oh In Young)

현 인덕대학교 방송문화콘텐츠학부, 방송메이크업학과 교수
경희대학교 일반대학원 의상학과 화장심리 전공 이학 박사
스위스 공인 CIDESCO 국제 메이크업아티스트 자격증 취득
(사)한국 메이크업 미용사회 자문위원
한국 화장품 미용학회 상임이사
한국 인체 미용예술학회 편집위원
한국 메이크업 디자인학회 이사
전 KBS(한국방송공사) Art Vision(공채1기) 분장실 근무

뷰티컬처와 트렌드

초판인쇄 | 2024년 2월 1일
초판발행 | 2024년 2월 10일

저자 | 박소정·오인영
발행인 | 조규백
발행처 | 도서출판 구민사

전화 | (02) 701-7421
팩스 | (02) 3273-9642
홈페이지 | www.kuhminsa.co.kr

신고번호 | 제2012-000055호(1980년 2월 4일)
ISBN | 979-11-6875-318-1(93590)

정가 | 29,000원

뷰티컬처와 트렌드

Beauty Culture
& Trend

머리말

현재 일어나는 모든 사회문화적 현상은 과거의 사회적 배경과 무관하지 않으며 '뷰티 컬쳐(beauty culture)'와 유행 양상도 과거로부터의 영향을 받아 재창조, 재유행, 변화와 발전을 거듭해오고 있다.

'뷰티(美)'에 대한 인간의 관심은 인류 태동과 함께 본능적으로 시작되어 인류 문명의 발달 및 각 시대의 흐름에 따라 정치경제, 사회문화 배경, 영향력 있는 소비 주체와 유행을 주도하는 미디어의 영향, 채택하고 수용하는 필요와 욕구에 의해 많은 변화를 겪으며 다양한 양상으로 이어져 오고 있다.

20세기의 눈부신 과학 기술 발전과 21세기의 초고속 정보화 사회에 이르러서는 그동안 축적되었던 다양한 스타일이 공존하면서 과거의 스타일을 재해석하거나 재조명함으로써 현대적이고 미래적인 스타일을 재창조하는 '뉴트로(newtro)' 트랜드들이 제시되고 있다.

여성들의 취향이나 라이프스타일(life style), 패션 경향의 반영, 시대적 흐름과 함께 하는 메이크업은 현대 여성들에게 자기 정체성의 표현이자 사회적 역할 안에서 또 다른 '메신저(messenger)'이자 '커뮤니케이터(communicator)'로서의 역할을 수행하거나 그 의미를 지니고 있다. 특히 2010년대 이후, 경제적 수준의 향상, 고학력 전문직 여성들의 급성장, 미의식의 변화 등으로 인한 소비자들의 요구 세분화, 전문가와 미디어에 노출되는 전문적인 유행 정보를 수용함으로써 자신에게 관심을 더 기울이는 적극적인 양상을 보이고 있다.

'뷰티'는 인간의 아름다움과 개성, 가치관, 시대적 미의식 등을 외적으로 가장 잘 표현할 수 있는 행위이므로 오랜 역사를 통해 그 시기별 스타일을 탐구하는 것은 현재의 뷰티문화를 이해하고 미래의 뷰티 트랜드를 예견하기 위한 매우 중요한 과정이라 할 수 있겠다.

2000년대까지의 뷰티 컬쳐와 트랜드의 변화 및 배경에 관한 관련 서적들은 지금까지 많이 다루어져 왔으나, 2010년대 이후 2023년 현재에 이르기까지의 트랜드를 다양한 요인들과 살펴본 서적은 미흡한 실정이다.

본서에서는 2010년 이후, 급격한 사회발전과 다양한 사회 현상, 미디어의 변화에 따른 뷰티 트렌드와 사회·문화적 배경을 살핌으로써 뷰티 트렌드는 특정 시대의 배경을 요인으로 다양한 문화를 만든다는 것을 알아보고자 한다. 또한 각 시대별 사회·문화적 배경과 패션 및 뷰티 스타일 양식을 조금 더 체계적으로 정리하였다.

이를 통해 뷰티 관련 분야에 관심을 지니고 탐구하는 모든 분들의 체계적인 이해와 정리에 도움을 주고자 한다.

각 장마다 독자들의 이해를 돕기 위하여 각 시대별 사진들과 관련 회화 및 삽화 등을 제시하였으며, 보다 정확하고 신뢰감 있는 글 정리를 위해서는 전공 관련 선행연구와 최신 기사들을 읽고 발췌, 인용 및 재정리하였다.

이 책의 출판을 위해 적극적으로 도움을 주신 도서출판 '구민사' 조규백 대표님과 직원 여러분께 깊은 감사를 드린다.

저자 일동

차례

CHAPTER 04

근대

CHAPTER 05

현대(20세기)

CHAPTER 06

현대(21세기)

CHAPTER 01

고대

1. 고대 이집트

2. 고대 그리스

3. 고대 로마

Beauty Culture & Trend

1 고대 이집트

1) 사회 · 문화적 배경

고대 이집트(Egypt)는 B.C.3200년부터 B.C.332년까지 3000년 동안 존재했으며, 알렉산더 대왕의 점령으로 멸망하게 되었다. 이집트 문명은 세계 4대 문명 발상지 중의 하나로, 원조 수로 제국으로서 나일강 하류에서 번성한 문명이었다. 나일강은 7월경이 되면 범람하였는데, 많은 양의 토사가 하류에 쌓여서 각종 작물이 잘 자라는 천혜의 자연 환경을 만들어 주었다.

이집트 피라미드와 스핑크스

지리적으로 북쪽은 지중해, 남쪽은 폭포 등이 연속되는 자연의 장벽, 서쪽은 거대한 사막 그리고 동쪽은 홍해가 자리하고 있어서 외적의 침입이 어려워 안정되고 폐쇄적인 정치, 경제, 사회체제를 유지하였다. 관개 산업에 의존하는 문명으로 경제기반은 농업이었으며, 홍해와 지중해를 건너 시리아와 레바논 등과 교역하였다.

이집트는 종교적으로는 태양을 신으로 한 신앙심으로 '파라오(Pharaoh)'의 권위는 신(神)에서 유래한 신격화된 왕으로서 절대적인 권력을 가지고 있었다.

파라오 왕조는 메네스(Menes) 왕이 상(上)이집트와 하(下)이집트를 최초로 통일하며 세운 왕조(B.C.3500~3150)에서부터 시작되었다. 지배계급은 관리, 귀족, 신관(神官) 등이 있었고, 중간계급으로는 상공인, 하급관리, 하급승려 등이 있었으며, 피지배계급은 농민과 노예가 있었다. 귀족은 파라오에 의해서 관료제도에 편입되어 서민을 지배했다. 신관은 파라오의 제사를 장악하여 점차 세속적인 권력까지도 획득하게 되었고 서기(書記)의 사회적 지위도 높았다.

투탕카멘왕의 황금내관

투탕카멘왕의 석관

이집트는 B.C.3000년경부터 역사시대로 들어가 세 번의 융성기를 맞이하였다. 고대 이집트의 왕조사는 고왕국, 중왕국, 신왕국의 3왕국 26왕조로 구분된다. 고왕국은 1~10왕조의 B.C.3400~2160년, 중왕국은 11~17왕조의 B.C.2160~1580년, 이집트 문화의 전성기인 신왕국은 18~26왕조의 B.C.1580~525년으로 분류되며, B.C.4세기에 그리스에 의해 멸망하였다.

이집트는 문자를 발명함으로써 문화적 역량을 한층 더 높게 만들어 갔으며, 문자는 금석 이외에 파피루스(papyrus)에 기록되었다. 중왕국 시대에는 파피루스에 속문학(俗文學)이 기록되었다. 다른 여러 나라들과의 무역과 아시아, 에티오피아와의 원정에 의하여 얻어진 귀금속과 사치품이 흘러들어와 장신구 제작과 이집트의 수공업이 현저하게 발전하였다.

이집트 상형문자가 적힌 장식함

고대 이집트 문화는 종교적 특성이 강했으며 거대한 왕묘, 신전, 궁전 등의 석조건축물은 신이나 왕에게 바쳐졌고, 미술작품도 종교적인 기념물이 많이 세워졌다. 점성술이나 측지술(測地術)과 대수학의 발달 및 태양력도 발명되었다.

이집트의 영생숭배의 종교관은 피라미드로 제작되었다. 주로 왕묘로 채용되었으며, B.C.2826년에서 B.C.1085년경 고왕국 시대에서 신왕국 시대에 걸쳐서 건조되었다. 인간은 육체와 영혼으로 이루어져 있고, 사후에도 계속 산다고 믿어 시체를 미라(mirra)로 만들고 살아있을 때 행적을 벽화로 남겼으며, 분묘를 정비하여 피라미드를 건조했다. 고대 이집트 문명은 찬란하고 우수한 문화를 발전시켰으며, 현대의 문학, 미술, 연극, 영화, 디자인 등 예술 전반에 큰 영향력을 미치고 있다.

2) 패 션

이집트의 복식이 최초로 종합적인 문화의 성격을 갖추고 나타났다는 점에서 서양복식사의 기원으로 간주되고 있다. 이집트인의 복식은 자연히 나일강 유역의 뜨겁고 건조한 아열대성 기후에 적응할 수 있는 방향으로 발전하였으며, 소재로는 나일강 유역의 진흙의 산물인 마직 아마 식물(linum usitatissimum)의 줄기에서 얻은 리넨(linen)를 주로 사용하였다. 아마는 얇고 가볍고 통기성과 흡습성이 좋아 이집트인들의 기후 풍토에 매우 적합했다.

이집트의 지배계급은 매우 사치스럽고 향락을 누렸지만, 하층민과 노예들은 주로 노동에 동원되어 매우 힘든 생활을 하였다. 이집트의 복식은 파라오를 중심으로 한 권력 표시의 상징물로서 귀족계급에서는 넓고 긴 우아한 드레이퍼리(drapery)형의 의복이나 거대한 가발과 머리 장식, 화려한 금속 장신구 등의 심미적인 것에 관심을 갖고 화려하고 다양한 형태와 소재의 발달을 보였으나. 하층 계급은 전 왕조를 통해 거의 변함 없이 활동에 편리한 간소한 의복을 착용하였다.

이집트 벽화

상류층은 나일강가에서 자란 아마로 짠 곱고 투명한 모슬린을 주로 입었으며, 고왕국 시대에는 아마의 자연적인 흰색이 신성시되어 주로 사용되었고 빛나는 금색, 은색과 검은색 계통 및 빨강, 노랑, 파랑, 녹색 계열 등도 사용되었다.

남녀의 기본적인 옷은 로인 클로스(loin cloth)로서 허리에 두르는 단순한 형태인데 거들이나 벨트로 매어 입었다. 시대나 신분에 따라서 그 길이나 감는 방법은 조금씩 달랐는데, 왕은 주름이 많았으며 앞에는 금으로 만든 장식을 달았고 뱀 모양의 유리어스(uraeus)를 머리와 거들(girdle)에 달아 권위를 나타내었다. 고관들은 앞에 주름잡은 에이프런을 덧입었고 신분이 낮은 사람은 단순히 옆으로 감았다. 에이프런은 트라이앵귤러 에이프런(triangular apron)으로 태양을 표현하기 위해서 밑에서부터 벨트 쪽을 향해 방사선의 주름을 잡은 것이었다.

여성들은 고왕국 때부터 좁고 장식적인 어깨끈이 달리고 길이가 발목까지 내려오는 단순한 형태의 시스 가운(sheath gown)을 입었다. 중왕국 이후부터는 메소포타미아의 영향을 받아서 화려한 색채와 문양이 사용되었으며, 소재로는 모직물도 사용되었다.

신왕국 시대에는 상류계급에서 칼라시리스(kalasiris)를 입었는데, 이것은 가는 주름을 많이 잡은 형태의 옷으로 남녀가 모두 착용하였다. 사람의 어깨에서 발목 길이의 두 배, 폭은 양팔을 벌려서 양 손목 간의 길이가 되는 천을 반으로 접어 중앙에 머리가 들어갈 곳을 오려내서 입는 길이가 매우 긴 의상이었다. 또한 칼라시리스보다 주름 형태가 더 복잡하고 유동적인 숄 형태의 하이크(haik)을 걸치기도 하였으며, 사제는 표범 가죽을 어깨에 걸쳤다.

고왕국 시대에는 거의 맨발이었고 중왕국 이후부터 상류층에서 염색한 가죽에 보석을 장식하거나 종려나무로 만든 샌들을 신었다. 형태는 남녀, 좌우의 구분이 없었고 사제는 앞부분이 뾰족하거나 둥근 형태의 파피루스로 만든 샌들을 신었다. 신왕국 18왕조 때 투탕카멘왕(Tutankhaten, 재위 B.C.1333~1323년)의 샌들은 금과 보석으로 장식되었다.

의복이 직선적인 실루엣으로 단순한 반면 신체 장식에 대한 욕구가 컸기 때문에 장신구의 발달이 현저하였고, 금과 은, 청동, 마노, 에메랄드, 자수정, 터키석 보석 등의 풍부한 재료로 인해 장신구는 독특하고 호화로운 광채를 발휘하였으며, 넓은 반달 모양의 목걸이인 파시움(passium), 펜던트, 펙토랄(pectoral) 장식 등과 팔찌, 발찌, 반지 등을 착용하였다. 화려한 장신구는 단순한 의상과 조화를 이루었으며 금은 태양을 상징하고, 영혼 불멸이라 믿어 고귀한 의미로 많이 사용되었으며, 특히 금속세공, 칠보세공이 발달하였다.

이집트인들은 기하학적인 감각을 지닌 민족으로서 복식에서도 기하학적인 규칙성을 볼 수 있으며, 중왕국 시대 이후 기하학적 문양이 다양하게 나타났다. 문양의 종류는 기하학무늬, 동물무늬, 식물무늬, 상형문자무늬 등이 다양하게 사용되었다. 기하학무늬에는 태양의 궤도 또는 태양의 광선을 형상화한 직선을 위주로 하는 사선, 귀갑, 십자, 완자무늬와 곡선을 위주로 하는 파도, 원, 소용돌이, 고기비늘, 점을 이은 점렬무늬 등이 있었다.

동물무늬는 수소, 백로, 독수리, 사자, 자칼, 뱀, 하마 등 여러 신의 상징 동물로 표현되었다. 이집트의 식물무늬의 장식요소는 로터스와 파피루스로서 꽃과 꽃봉오리의 옆과 평면을 벽면에 묘사하거나 주초 장식에 사용하였다. 이처럼 이집트 문양은 풍부한 상상력을 바탕으로 추상과 사실이 공존하며 조화를 이루었으며, 현대의 장식예술에 큰 영감을 주었다. 이집트의 복식은 현대 패션에도 중요한 모티브로 활용되고 있다.

독수리와 뱀모양의 옷깃

3) 메이크업

고대 이집트는 화장법이 매우 발달한 나라로서 오랜 세월 동안 나일강의 비옥함 속에서 평화롭게 지낸 문명의 특성상 화려함과 의식적인 것을 상징하는 각종 화장법과 화장품제조 기술이 발달하였으며, 현대 메이크업의 역사는 이집트에서 시작되었다고 볼 수 있다.

메이크업에 대한 최초의 기록은 B.C.3000년경으로 고대 이집트인들은 죽은 사람에게 주술적인 목적으로 향유를 뿌리거나 내세에 영혼이 잠들 육체가 있어야 한다는 종교관에서 비롯된 미라를 보존하기 위해 유, 방부제를 사용하는 관습에서 유래되었다. 이집트인들은 사막의 더운 기후와 자연환경에 적응하기 위함과 주술적인 종교 양식을 중시했기 때문에 청결과 권위를 우선시하였다.

고온 다습한 기후와 태양열로 인한 피부의 손상을 막기 위하여 아몬드 오일, 호호바 오일, 머드, 붉은빛이 도는 진흙인 핑크 클레이나 각종 아로마테라피(aromatherapy), 여러 가지 허브에서 향유(perfume oil)를 추출해서 마사지를 즐겨하였으며, 목욕과 세탁을 자주 하였다. 나일강의 흙으로 전신을 마사지하고 양귀비나 장미 등의 꽃으로 만든 각종 형태의 향수를 뿌리기도 하였으며, 다양한 기능성 화장품으로 분류하여 사용하였다. 기원전 1세기 무렵 클레오파트라의 시기에 절정에 이르러서, 후에 유럽 각지로 퍼지게 되었다. 클레오파트라는 꿀과 우유로 만든 과자를 즐겨 먹고, 꿀을 탄 우유로 세안과 목욕을 하고 눈을 강조하는 눈 화장을 선호하였다.

영화 클레오파트라

네페르티티 왕비

고대 이집트에서는 남녀 모두 화장을 필수적으로 했으며, 사막지대에서 먼지나 모래로부터 또는 건조해지기 쉬운 눈을 보호할 목적으로 강렬한 눈 화장을 하였다. 눈화장은 눈물샘을 자극하여 눈의 건조를 막아주고 각막염이나 결막염 등 눈병을 예방하는 효과가 있었다.

눈 화장법으로는 눈가에는 녹색식물인 말라카이트(malachite)를, 눈꺼풀에는 공작석을 갈아서 녹청색으로 발랐다. 공작석에는 천연의 규산 등이 많이 포함되어 있는데 안질 예방에 효과가 있었다. 이러한 파란색의 눈 화장은 나일 블루(nile blue)라고 불리었으며, 눈매를 시원하게 보이는 효과가 있었다. 또한 강한 태양으로부터 눈을 보호하기 위하여 코울(kohl)을 아이 라인에 칠하였다. 아이라인은 눈꼬리 부분은 길게 연장하여 풍요와 다산을 상징하는 물고기 꼬리 모양 또는 신과 더욱 가까워지려는 종교적 의미가 내포된 독수리의 눈매 모양으로 그렸다. 눈썹은 안티몬으로 만들어진 콜먹이라 불리는 먹으로 눈썹이나 속눈썹을 검은빛으로 길게 칠하여 눈 화장을 완성하였다. 입술과 볼에는 입자가 고운 적토(red clay powder)를 사용하여 붉게 표현하였다

사자모양 화장품 연고함

화장품 연고 보관용 돌그릇

손발 및 손발톱 등은 헤나(henna)를 이용하여 물들이기도 하였다. 이집트에서는 손톱의 색이 사회적 지위를 나타내는 중요한 기준이 되었으며, 왕족은 짙은 색으로 하층 계급의 사람은 옅은 색만을 사용하여 신분을 구분하였다. 열대식물인 헤나는 머리를 붉게 염색하기 위해 사용하였는데 헤나꽃의 주황색 즙은 향수나 매니큐어로, 잎은 모발 염색에 사용하였다. 헤나 염색은 사막의 먼지로부터 손과 발톱을 보호하는 동시에 상징적인 의미도 지녔는데, 오늘날 매니큐어와 페디큐어의 시초라고 할 수 있다.

4) 헤어스타일

이집트인들은 종교적 의식과 청결을 중시하여 머리를 깎고 신분에 따라 가발을 쓰거나 머리 수건인 네메스를 착용하거나 모자를 쓰기도 하였다. 이집트인들은 자신의 모발 관리에 관심이 많았으며, 사람들은 태양을 피하기 위해 머리를 밀고 둥근 모자나 가발을 썼다. 가발의 크기나 길이는 왕조에 따라 유행의 차이가 있었으며 종교적 특성으로 다양한 가발이 사용되었고, 남녀 모두 가발 착용을 통해 자신의 신분과 위상을 표시하고자 하였다. 가발의 재료는 리넨 또는 종려나무를 사용하다가 후기에는 울 또는 머리카락을 크게 부풀려서 모자로 사용하였다. 하급 계층은 짧은 길이의 모직으로 된 가발을 착용하였다.

노예들은 평상시에도 머리를 자르지 않았는데 때로는 자신의 머리카락을 잘라 단발형 가발을 만들어 썼다. 승려들은 깎은 머리 형태 그대로를 드러내고 가발이나 머리쓰개 등을 쓰지 않았다. 가발의 색상은 일반적으로 검정색이 많고 때로는 진한 청색 또는 황금색으로 물들이기도 했다. 여성의 가발은 보통 남성의 것보다 길어서 어깨나 가슴 위까지 닿았고 가발로 작게 땋은 다수의 머리를 원래의 모발에 땋아 늘어트렸다. 땋는 방법, 가르마를 내는 위치, 묶는 방법, 장식품 등에 따라 그 형태가 다양하였다.

신왕국 시대에는 왕의 권위를 나타내기 위하여 뱀 머리 모양의 장식인 우라에우스와 독수리를 왕관에 장식하였고, 여왕이나 왕비는 신성시되었던 '유테우스'라는 뱀으로 장식된 상징적인 금관을 썼다. 그 밖에 타조 깃털이나 태양 원반을 함께 장식한 거대하고 화려한 왕관 등도 있었다.

투탄카멘 왕

이집트인은 두껍고 빳빳한 천으로 만든 피라미드 형태의 커치프(kerchief)라고 하는 머릿수건을 썼으며, 왕이나 여왕은 황금색과 청색의 줄무늬가 들어간 클라프트(klaft)라고 하는 커치프를 착용하였다. 초기에는 커치프의 길이가 어깨까지 내려왔지만 후기에는 짧아졌으며, 가죽이나 금속 등으로 만든 인공적 턱수염으로 독창적인 장식성을 표현하였다.

헤어스타일의 시술에 있어서도 다양한 색상과 염료가 사용되었다. 이집트의 강한 태양열에 염기성의 진흙을 이용해 최초의 웨이브 퍼머를 시작하였으며, 아름다운 컬을 만들고 다양한 형태의 가발을 만들어 사용하였다. 가발은 처음에는 각이 지고 길이가 짧고 단발형이 유행하다가 후기로 갈수록 폭이 넓고 길이가 길어졌다. 가발의 색상은 초기에는 검정색이었으나 진한 청색이나 황금색으로 변화되었고, 장식을 중요시하여 화려한 보석, 구슬, 칠보리본 등을 사용하였다.

이집트 벽화에 나타난 헤어스타일

2 고대 그리스

1) 사회 · 문화적 배경

고대 그리스(Greece, B.C.1100~B.C.146) 문명은 온화한 지중해성 기후와 뛰어난 예술 감각으로 창의성이 높은 문화를 이루었다. 그리스의 사회 조직은 소단위이며 정치적으로 B.C. 9~8세기경에는 식민지 활동에 의한 국가 체제의 자유로운 폴리스(polis)가 성립되었다. 대표적인 도시 국가는 아테네(Athene)와 스파르타(Sparta)였다.

아테네 파르테논 신전

폴리스에는 수호신이 있는 신전이나 제단 그리고 공공 기념물이 있는 '아크로폴리스(acropolis)'가 중앙 언덕 위에 있고 공공 광장이나 정치적인 집회 장소 또는 시장 역할을 하는 '아고라(agora)'를 갖추고 있었다. 일찍이 왕정이 사라지고 시민이 직접 참여하는 민주정이 실현되었으며 시민적 지배층이 사유지를 토대로 하여 평등을 원칙으로 하였으며, 자유로운 개인의 개성 발휘가 가능해졌다. 식민지 활동에서 발생한 노예제도는 상공업, 수공업, 직물업, 귀금속업 등을 발전시켰고, 자유시민들이 부를 축적하게 되면서 귀족문화를 형성하였다.

고대 그리스는 남성 중심의 사회로 여성들은 정치적, 교육적 기회에서 제외되어 육아나 가사, 자수, 재봉 등의 작업에 열중하였다. 아테네 여성의 지위는 낮았으며 여성적인 것을 미덕으로 여겼고, 스파르타 여성은 건강한 자손을 낳기 위해 엄격한 훈련을 받았으며, 모권제가 늦게까지 지속되어 결혼 후에도 자유로웠으다. 여자도 남성과 함께 옥외에서 육체적인 단련을 할 수 있었다. 단련된 육체와 지적인 정신세계가 조화되는 것을 이상적인 인간상으로 여겼으며, 그리스 문화는 인간의 존엄성을 높이는 휴머니즘, 철학적 사고와 미의 추구에서도 이상적 세계를 탐구하려는 이상주의와 합리주의에 의해 지배되었다.

그리스 신화를 중심으로 예술작품의 주제를 삼았으며 그리스 조각 작품은 균형미와 완성미를 추구하였다. 그리스 문학 최초의 형식은 서사시(敍事詩)였으며 '호메로스(Homeros B.C.800~750)의 작품으로 알려져 있는 '일리아스(Ilias)'와 '오디세이아(Odysseia)'는 문학사상 가장 오래된 최고봉의 서사시라고 할 수 있다. 그리스 연극예술의 발달은 B.C. 5세기에 원숙기로 들어섰고, 비극 작가인 소포클레스(Sophocles, B.C.496~406)는 '안티고네(Antigone)'와 '오이디푸스왕(Oedipus Tyrannos)' 작품을 통해 절제된 그리스적 이상을 잘 표현하였으며 가장 위대한 그리스의 작가로 추앙받았다.

소포클레스

또한 그리스인들은 육체와 정신의 조화를 중요시 여기며 4년마다 한 번씩 올림픽 경기대회(olympic game)를 열었다. 올림픽은 제우스(Zeus) 신에게 바치는 제전경기(祭典競技)로서 종교, 예술, 군사훈련의 삼위일체를 이루고 있었다. 여러 신을 섬기던 각 폴리스의 시민들은 올림픽 대회가 열리면 올림피아(Olympia)에 모여서 신전에 참배하며 제례를 드리고, 장거리 및 단거리 경주, 경마, 마차 경주, 권투, 트럼펫 경연을 벌였으며 승자에게는 월계관과 상금이 주어졌다. B.C.776년을 원년으로 이후 1200여 년 동안 계속 되다가 A.D.394년 폐지되었다. 그 후 19세기 말에 근대 올림픽으로 다시 부활되었다.

2) 패 션

그리스 복식에는 지중해성의 건조하고 온화한 기후로 자유로운 정신, 인체의 아름다움과 율동미를 중시하여 인체의 곡선이 그대로 드러나는 재단이나 봉제가 필요 없는 드레이퍼리(drapery) 형태의 의상이 주종을 이루었다. 세부적인 것보다는 전체적인 비율과 균형, 조화를 중시하여 특정한 부분을 강조하기보다는 균형 잡힌 신체의 육체미를 나타내기 위한 것이었다. 계급에 따른 형태의 차이는 없었고 소재, 색상, 장식, 입는 방법에서 차이점이 나타났으며, 피블라(fibula)를 이용하여 옷감을 몸에 고정시켰다. 주된 색상은 흰색이였으며, 자색(紫色)은 귀한 색상으로 사용되었다.

대표적인 복식으로는 키톤(chiton)과 히마티온(himation), 클라미스(chlamys) 등이 있었다. 도릭 키톤(doric chiton)은 도리아인의 실질적인 특징을 잘 나타냈으며 이오닉 키톤(ionic chiton)은 이오니아인의 우아하고 아름다운 특징이 잘 나타나 있다. 소재, 옷감의 크기, 피블라의 수, 착용 방법 등에서 차이가 있었다.

기본적인 형태는 장방형의 천을 반으로 접어서 몸에 두르고 양쪽 어깨를 핀으로 고정시킨 후 허리를 끈으로 한 번 또는 여러 번 묶어 준 것인데, 천을 어깨 부분에서 밖으로 접어 케이프처럼 늘어지게 만든 아포티그마(apotygma)가 있는 것이 도릭 키톤, 아포티그마 없이 어깨에 여러 개의 피블라로 고정시킨 것이 이오닉 키톤이다.

키톤과 히마티온

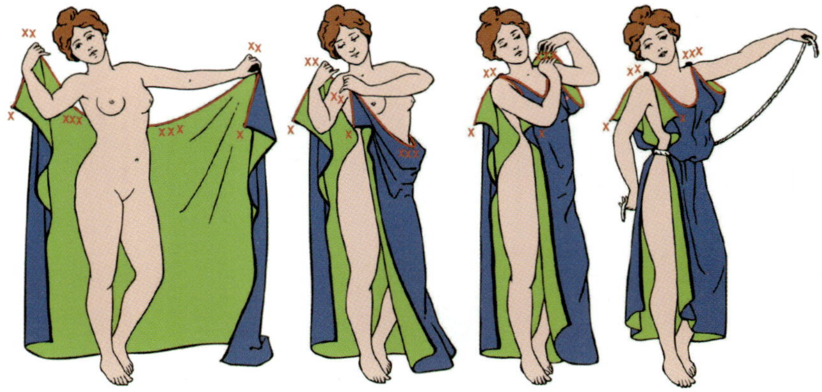

키톤 착의 방법

도릭 키톤은 그리스 본토에서 입은 것으로 두껍고 거친 울로 만들어 실용적이고 단순하며 중후하지만, 개방적이고 활동적인 스파르타적인 기질이 반영되어 있었다. 이오닉 키톤은 우아한 아테네 스타일로 얇고 부드러운 리넨으로 만들어 섬세한 주름이 잡히는 비활동적인 여성 복식으로 소매 양쪽을 각각 핀으로 고정시켜 착용하였다. 히마티온(himation)은 외출할 때 키톤 위에 입는 망토와 같은 드레이퍼리형의 대표적인 겉옷으로, 신분이나 직업에 따라 다양한 방법으로 몸에 걸쳐 입었고 주로 천을 어깨에 두르고 길이가 땅바닥까지 닿았다. 철학자들은 대체로 히마티온만을 입기도 했다.

클라미스는 히마티온의 변형으로 키톤 위에 입는 짧은 여름용 망토로서 왼쪽 어깨를 감싸고 오른쪽 어깨나 앞가슴에서 피블라로 고정시킨 것으로 주로 여행자들이나 군인, 젊은이들이 입었다. 장신구인 피블라는 몸 위에 옷감을 고정하기 위해 필수적으로 사용했던 핀으로 햇핀(hat pin)과 안전핀이 있었으며, 점차 장식적으로 되었다. 신발은 후기가 되면서 샌들을 신기 시작하였다.

〈그리스 비극이야기〉에 나오는 삽화. 클라미스(오른쪽)

3) 메이크업

그리스인들은 인위적인 몸단장보다 부분보다 전체의 균형에서 비롯되는 조화를 중시했으며, 화려한 색상보다 조화로운 비율을 우선시하여 체육을 통하여 육체를 단련하고 가꾸어서 인체의 아름다움을 표현했다. 그리스 시대에는 꾸밈없는 자연적인 인간의 모습을 중시하는 헬레니즘 문명의 사상과 남존여비의 사상으로 인해 여성의 지위가 낮아지고 인위적인 치장이 제한됨에 따라 이집트 시대보다 여성들의 색조 화장이 발달하지 못하였다.

그리스 여인은 온화한 자연의 영향과 정숙하고 겸손한 품성을 중요시 여겨 자연스럽고 건강한 모습을 아름다운 것으로 추구하여 치장을 별로 하지 않았고, 메이크업보다는 헤어스타일에 많은 변화를 주었다. 남성들은 목욕 후 마사지를 즐겼고 머릿기름과 향유를 바르는 것이 유행이었다. 그리스 신화에서는 여성의 아름다움은 온화하고 아름다운 아프로디테(Aphrodite)와 파멸을 일으키는 기만적인 판도라(Pandora)가 관장하는데, 화장을 하는 것은 조화로운 자연의 섭리를 기만하는 판도라의 범위에 속하는 것이었다.

아프로디테 조각상

그리스 여인상 조각상

그리스 시대에는 화장품과 화장술에 관한 연구가 과학적이고 의학적인 관점에서 접근된 시기였다. 외과의사 갈렌(Claudius Galenus, A.D.130~200)은 '임상생리학의 아버지'라 일컬었으며 이집트의 전통적인 화장품에 대한 연구 기록을 체계화하였다. 밀랍과 올리브 오일을 이용하여 피부의 수분 증발 방지와 햇볕으로부터 보호해 주며, 바르고 난 순간부터 시원한 청량감을 느끼게 되는 치료용의 크림 제형의 콜드 크림을 제조하였다.

그리스에서 화장술은 의학에 속하는 학문으로서 의학적인 보호수단으로서 자연스러운 용모의 보존을 의미하는 '코스메티케 테크네(kosmetike techne)'와 과도한 장식적인 화장술을 의미하는 '코모티케 테크네(komotike techne)'로 분류된다. 코스메틱(cosmetic)이라는 말은 그리스어의 '코스메틱코스(cosmetikos)', 즉 '치장하다'에서 유래되었다.

특별한 화장법이 없었던 고대 그리스의 화장 문화 역시 이집트의 영향을 받았으며, 일반 여성들은 기본적인 간단한 화장을 하였으나 헤타이라(hetaira)이라 불리는 직업 접대부들은 엉덩이, 유두 등에 전신화장과 함께 강한 색조 화장을 즐겼다.

〈비너스의 탄생〉, 보티첼리, 1485~1486

초기에는 과도한 인공적인 장식이라 멸시하며 메이크업에 대한 혐오감이 있었으나 후기 그리스인들은 세밀한 화장으로 치장을 하였다. 미용과 종교의식을 위해 목욕을 즐겼으며 입욕하여 마요나라와 포도꽃에서 얻은 향료를 전신에 뿌리고 향유를 전신에 발랐다. 완벽한 신의 모습을 동경하여 창백한 백색 피부를 아름답다고 생각하여 탄산납인 백연, 석고, 백무 등으로 얼굴을 하얗게 하였다. 블러셔는 뽕나무 열매인 오디, 해초, 알카넷(alkanet)의 식물성 염료나 광물성인 붉은색 분을 하얀색과 섞어 둥근 모양으로 볼뼈 부분에 생기 있게 표현하였다. 입술은 붉게 표현하고 눈썹은 미간 사이를 좁게 그리고 긴 아치형으로 그렸다.

4) 헤어스타일

그리스인들은 복식이 단순한 반면 머리 치장에 관심이 많았으며 남녀 모두 머리를 길렀으며 윤기를 내기 위해 오일이나 향수를 사용하였다. 여성들은 고전적이고 심플한 디자인을 선호하여 일반적으로 길게 풀어 내려뜨리거나 목에서 자유롭게 묶는 형태가 유행을 하였다. 또한 신부는 결혼하기 전날 머리를 잘라서 남편에 대한 순종을 표시하기도 하였다.

여성들의 머리는 항상 긴 머리를 아름답고 풍성하게 가꾸며 특히 금발을 선호하여 잿물로 표백하거나 노란색 꽃을 으깨어 우려낸 물에 머리를 헹구어 황금색으로 염색하였다. 앞머리를 곱슬거리게 컬을 하고 옆에는 작은 고리를 만들었으며, 자연스러운 웨이브의 컬을 주어 건강미를 강조하였다.

또한 가운데 가르마를 타고 이마에 띠를 둘러 나풀거리게 하여 자연스럽게 뒤로 늘어뜨렸으며 때로는 허리까지 내려오기도 하였다. 머리 위에는 금속이나 리본으로 만든 작은 머리띠를 착용하거나 머리핀을 꽂는 등 헤어스타일을 더욱 돋보이게 하는 다양한 장식을 하였다. 간단한 의상을 입을 때도 헤어스타일과 의상을 매치하는 것을 중요시 여겼으며, 전체적인 조화를 중요시하여 보석의 사용을 자제하였다. 후기에는 의상이 화려해 지면서 금이나 은 헤어핀, 콘으로 된 헤어드레스 혹은 티아라를 착용하는 등 머리 장식도 복잡해졌다.

그리스의 여류시인 사포(Sapho)

Artemis(그리스 신화의 수렵의 여신) 조각상, Kephisodotos, 1873

남성의 머리 모양은 다양하였는데 컬을 이마 위로 내리는 형태, 앞머리의 컬을 뒤로 곱슬거리게 빗어 넘기는 형태, 앞머리를 짧게 단발하고 뒤는 길게 타래 머리한 형태, 귀와 같은 길이로 둥글게 자른 형태 등이 있었다. 머리 장식으로는 금속 밴드나 은으로 된 장식을 선호했다. 초기에는 일반적으로 머리를 길게 하였으나 후기에는 단발형이 유행하였다.

남성들의 모자는 페타소스(petasos)나 필로스(pilos)가 있는데, 페타소스는 여행할 때 햇볕과 비를 막기 위한 용도로 주로 울이나 동물의 털을 사용한 펠트로 만든 넓은 챙으로 된 갓형이며, 끈으로 턱에서 묶는 형태였다. 여성들은 거의 모자를 쓰지 않았으나 햇볕이 강한 날에는 히마티온이나 페플로스를 머리 위에 쓰고 그 위에 솔리아(tholia)를 썼다. 이외에 여성들은 베일(veil)을 많이 사용했는데, 초기에는 단순히 머리 위만을 덮는 작은 형태였으며, 후기에는 얇게 비치는 소재로 머리 주위를 둘러써서 어깨까지 내려오게 하였다.

Apllo Citharoedus, Ippolito Buzzi(1562~1634)

Zeus 조각상

3 고대 로마

1) 사회 · 문화적 배경

고대 로마(B.C.8세기 중기~5세기 후기)는 수 세기의 전쟁을 통하여 기원전 8세기경 이탈리아 중부의 작은 마을에서 시작해 지중해를 아우르는 거대한 제국을 건설하였다. 지중해 지역에 인접한 지리적 여건으로 인하여 일찍이 주변 지역과의 무역 및 문화 교류가 활발하였으며, 실질적이고 합리적인 민족성으로 인해 외래 문물을 적극적으로 수용하여 문화가 번창하였다.

로마의 콜로세움

로마인의 무력에 의한 영토 확장 초기에는 북으로 에트루리아(Etruria), 남으로는 그리스와 접하게 되었다. 로마의 역사는 수백 년 동안 확장을 거듭하였는데, 크게 B.C. 6세기 말 왕정 폐지 후의 공화정 수립부터 B.C. 1세기말 아우구스투스의 제정에 이르기까지의 시기와 A.D. 5세기 후기 게르만 민족에 의한 서로마 제국 멸망까지의 두 시기로 나뉜다.

공화정 때의 로마는 귀족과 평민이 법률상 평등한 권리를 갖게 되나 아테네와 같은 민주정치는 실현하지 못하였다. 공화정 시기의 로마는 이탈리아 반도의 통일을 완성하고 지중해 세계를 지배하였는데, 그러한 과정에서 농업중심의 사회 경제체제는 무너져 갔다. 제정하의 로마는 그 체제를 팽창 확대의 정복과정을 지양하고 현상 유지의 평화정책에 주력하였으나, 후기로 갈수록 전제정치는 더 강화되었다.

로마 계급은 귀족, 평민, 예민, 노예로 구성되어 있었다. 귀족은 특권 지배층 계급으로 시민권을 소유하고 있었고, 경제적으로 부유한 토지 소유자들이었다. 평민은 비특권, 피지배 계급으로 병역과 납세의 의무가 있었다. 노예는 주로 전쟁 포로 또는 부채로 인해 자유가 박탈된 사람들이었다. 귀족층은 갈수록 사치스럽고 방탕한 생활을 했으나 하류층의 생활은 비참해져서 반란이 일어나고 국력의 소모가 심해져서 결국 394년 동로마와 서로마로 분리되었다.

로마의 여성들은 고대 그리스 여성들보다는 자유로운 생활을 하였으나 외부 출입보다는 가정생활을 관리하는 것이 권장되었으며, 상류층 여성들은 가사는 노예들이 도맡아 하고 여유로운 생활을 하였다.

전쟁이나 무역 등으로 주변국들과 교류가 많았던 고대 로마는 합리적이고 실질적인 사고방식으로 문자와 미술, 종교와 법률 등 선진 문화를 수용하고 보급에 공헌했으며, 각종 문화가 어우러진 복합적인 문화를 형성하였다. 로마인들의 종교는 현세적인 자연이나 그리스적 신화를 숭배하는 것이었으며, 일상생활에서의 실용가치를 존중하여 실질적인 토목, 건축이나 의학, 현실적인 과학기술과 법률을 발달시키고 체계화시켰다.

2) 패 션

로마의 복식은 고대 그리스와 에트루리아 양식을 수용한 것으로 로마의 시대 상황에 맞게 변화되었다. 기본 의상은 튜니카(tunica) 위에 토가(toga)와 같은 겉옷을 걸쳐 입는 것이며, 로마인들은 의복으로 계급과 부, 나이 등을 상징하였다. 옷감으로는 주로 상류층에서 섬세한 리넨과 모직물을 사용하였으며, 동방으로 식민지를 확장하면서 실크, 목면 등도 사용하였다.

로마의 대표적인 의상은 로마문명의 힘을 과시하여 그들의 권위를 나타내는 상징물이었던 그리스 히마티온의 변형인 토가(toga)라고 할 수 있다. 토가는 반원형이나 타원형 또는 팔각형의 천을 접어 몸에 둘러 입었으며 초기에는 남녀노소 모두 착용하는 일상복이었으나, 제정시대 이후부터는 대형 토가가 유행하면서 지배계급의 남성들이 착용하였다. 공화정 말기부터는 관복으로 사용되면서 색상과 장식, 착용 방법 등이 엄격해져서 공식복으로 착용자의 신분을 나타냈으며 점차 복잡해지고 형식화되었다.

토가 밑에 입는 튜니카(tunica)는 초기에 두 장의 직사각형 천에 진동선만 남기고 어깨와 양쪽 옆 솔기를 바느질하여 목둘레선을 일자로 하여 속옷으로 입었다. 후기에는 일자형 튜니카에 소매를 달아서 T자형의 원피스 형태로 변화되어 겉옷으로 착용되었고, 귀족들은 신분을 나타내기 위해 다양한 장식을 하였다.

여성들은 그리스의 키톤과 히마티온을 계승하여 두 장의 튜니카를 겹쳐 입었는데, 위에 입는 튜니카는 스톨라(stola)라고 하였으며 이오닉 키톤과 같은 형태였다. 스톨라와 함께 입은 팔라(palla)는 그리스 히마티온을 계승하여 울 또는 마직물 천을 비스듬히 걸쳐 몸에 감싸 두르는 직사각형 대형 숄의 형태였다.

토가와 튜니카를 입은 조각상

팔루다멘툼(paludamentum)은 귀족계급이 착용하는 망토 형태의 겉옷으로 공화정 초기에는 장군들이 주로 입었으나, 로마 제국 시대에는 황제도 착용하였다. 장방형의 모직물로 오른쪽 어깨와 앞 중심에서 고정시켜서 입는 형태였다. 남성들은 보통 무릎까지 오게 입고 의식 때는 더 길게 입었으며, 여성들은 남성들보다 길게 발목까지 오게 입었다. 로마인들은 보편적으로 두 개의 끈으로 여러 번 감아 앞쪽으로 매는 발목을 덮는 칼세우스(calceus)라는 신발을 착용하였다.

Athena 조각상

3) 메이크업

B.C. 3세기경 남이탈리아를 정복하면서 본격적으로 시작된 로마의 화장술은 B.C. 1세기 이후 주변국들의 여성의 머리 염색, 가발, 향료, 분과 볼연지 등 다양한 화장품이 유입되면서 급속히 발달하게 되었다. 네로 황제(Nero, 재위 54년~68년)의 왕비 폼파이에어사비나는 미용에 관심이 많았으며 벌꿀, 오일, 곡물 가루로 제조한 폼파이에어 마스크라고 불리우는 뷰티마스크를 얼굴에 발랐다가 다음날 당나귀 밀크로 씻어 내었다. 로마인은 피부미용에 관심이 많아 밀기울이나 당나귀 밀크로 목욕하기도 하였다. 또한 입을 씻고 입냄새를 없애기 위해 수지인 마스틱(mastic)을 씹었다.

로마 여인의 메이크업

폼페이의 젊은 여성스타일

로마 전성기에 상류층 여성들은 외모를 꾸미는 것에 치중하게 되면서 마사지, 피부손질, 헤어 관리, 메이크업, 매니큐어와 페디큐어, 의상 등 각각의 전문분야의 여러 시녀들에게 수 시간에 걸쳐 몸치장을 하는데 집중하였다. 로마 여성의 화장기법은 그리스 여성과 대체로 유사하였으며, 흰 피부를 선호하여 얼굴에는 연분을 발라 얼굴을 하얗게 하고 눈과 눈썹은 검정 코올을 사용하여 검게 칠하고 볼과 입술은 붉게 표현하였다.

1세기경 로마의 미인형은 훤칠한 키에 금발머리, 눈에는 검은색 라인을 그리고 꽃으로 만든 샛노란 가루인 샤프란(saffron)으로 황색 선을 긋고 속눈썹은 짙은 검정색으로 칠한 모습이었다. 또한 포인트 점 같은 뷰티 패치(beauty patch)를 볼이나 목, 노출된 팔이나 어깨에 붙이기도 하였는데, 이러한 포인트 점은 17세기에 크게 유행하게 되었다.

수많은 전쟁을 치르면서 남성들도 손톱 관리를 시작하게 되었다. 로마군 지휘관과 군사들은 염료를 사용하여 입술과 손톱에 같은 색을 칠하여 용맹성을 과시하고자 하였다.

로마의 국력이 신장되면서 시민들은 쾌적한 생활과 아름다움을 추구하는 것을 중요시하게 되었고, 목욕문화가 발달하게 되어 공중목욕탕이 세워지게 되었다. 로마인들의 공중목욕탕 문화는 몸을 청결히 하는 것 이외에 지성과 교양을 나누는 사교의 장으로 활용되었다.

로마의 카라칼라(Caracalla, 재위 211~217) 황제와 디오클레티아누스(Diocletianus, 재위 284~305) 황제는 다양한 온도의 탕 속에서 수천 명이 목욕할 수 있는 공중목욕탕을 만들었다. 뜨거운 물이 든 욕조는 '칼다리움', 미지근한 물이 있는 '테피다리움', 차가운 물이 있는 '프리기다리움', 야외 수영장인 '나라티오' 등 다양한 독립된 방으로 이루어져 있었다. 공중목욕탕 내부는 휴게실, 상점, 도서실, 체력 단련실, 미술관 등의 다목적 홀인 '쿠어하우스'를 갖추고 있었다. 또한 목욕문화의 발전과 함께 비누의 시초라 볼 수 있는 너도밤나무의 재와 산양 기름의 혼합물인 사포를 사용하였다.

카라칼라 목욕탕

4) 헤어스타일

로마 초기 왕정시기에는 남성들은 머리와 수염을 길렀지만 B.C. 3세기경부터 머리를 깎고 곱슬거리게 손질하였다. 제정시대의 남성들에게는 운동경기나 전쟁의 승리자에게 월계관을 씌워 주었으며, 결혼식 등의 축제 때에는 화관을 쓰기도 하였다.

아우구스투스 황제

네로 황제

로마 여성들의 헤어스타일은 그리스인과 유사했다. 앞머리는 앞가르마를 타고 머리카락을 곱슬거리게 하여 양쪽으로 늘어뜨리거나 작은 컬로 처리하고 위로 높이 올리고 뒷머리는 땋아서 둥글게 말아올린 모양의 시뇽(chinon)형과 머리카락을 모두 빗어 넘기는 퐁파두르(ponpadour)형이 많았고 리본, 화환, 그물망 등으로 장식하였다. 또한 중앙에 긴 가르마를 두고 이마에 머리띠를 한 '아리아나'라고 하는 스타일도 즐겨 하였다. 후기로 갈수록 정교해지고 진주, 보석 등 사치스러운 장식도 하게 되었다.

고대 로마 여성 헤어스타일

로마 여성들은 염색하거나 표백하는 기술이 뛰어났다. 금발을 이상적이라고 여겨서 블론드의 인모를 수입하거나 게르만족으로부터 구입한 비누로 머리카락을 흑색이나 갈색으로 물들였다. 염모제로는 딱총나무의 열매를 짜거나 산달래를 달인 것이 있었으며, 납항아리에 넣어 적포도주와 식초를 함께 섞어 60일간 보관하여 제조하였다.

교회를 갈 때는 기독교의 규율에 따라 베일을 반드시 써야 했으며, 신부는 결혼식장에서 얇은 주황색의 베일을 썼다. 황제는 보석으로 장식된 관을 썼다. 로마시대에는 모자를 거의 착용하지 않았으며, 원뿔형의 머리에 꼭 맞는 펠트 천의 모자인 필로스는 평민이나 노예들이 착용하였다.

CHAPTER 02

중세

1. 비잔틴 시대(4세기)
2. 중세 초기(5~10세기)
3. 로마네스크(중세 중기, 11~12세기)
4. 고딕(중세 말기, 13~14세기)

Beauty Culture & Trend

1 비잔틴 시대(4세기)

1) 사회 · 문화적 배경

비잔틴 제국(동로마 제국)은 동로마 제국을 일컫는 말로, 동로마 제국(수도: 비잔티움, 콘스탄티노플) 성립 이후 1453년 오스만투르크족에 의해 멸망하기까지 서유럽의 문화를 약 천년 동안 발전시켰다.

로마의 정치적 전통 위에 그리스 문화와 기독교 요소를 결합시켜 발전하였고, 동방적 요소를 가미한 독특하고 개성 있는 문화를 발전시켰다.

비잔틴 문화가 현대의 동유럽 지역에서 발전하는 동안 서유럽에서는 게르만족의 대이동기를 거쳐 왕, 귀족, 시민 등의 사회계층에서 투쟁이 지속되면서 프랑스, 독일, 이탈리아, 영국 등이 현대 통일 국가로의 기반을 다지고 있었다.

정신적 세계를 주도하는 기독교 교회는 직물과 자수, 금속세공, 유리제품의 제조업 및 세공법을 가르치는 역할을 통해 발달하였고, 직물산업이 번성하였으며, 자색, 적색 등의 색채, 종교적, 사람, 동식물 문양이 화려한 복식문화의 발전기였다.

산 비탈레 교회당(내부)

금과 보석으로 장식된 성경과 십자가

2) 패 션

그리스와 로마 스타일에 종교와 동양풍의 영향을 받아 독특한 양식이 생겼는데, 기독교적인 정숙을 위해 신체를 드러내지 않고 감추거나 감싸는 형태가 그것이다. 기독교를 상징하는 문양과 동방의 화려한 색감의 비단 직물에 화려한 보석 장식을 함으로써 호화롭고 화려한 색채 효과를 중시하였다.

비잔틴 복식은 성별에 따른 의복 형태가 구별되기 시작한 시기로 남녀의 기본 복식은 '튜닉'이었다. 남녀 모두 긴 소매의 튜닉을 입었는데 실크나 리넨 소재로 만든 다음, 보석 장식이 된 거들을 맸으며, 속에는 리넨이나 실크 소재의 셔츠를 입었다.

남성의 튜닉은 짧은 길이에 옆선이 퍼지고 소매가 길고 좁은 반면, 여성의 튜닉은 발 길이까지 길게 늘어지고 소맷부리가 넓으며 허리는 몸에 꼭 맞게 만들어졌다. 남성이 허리에 매는 띠는 로우 웨이스트(low waist)인 반면, 여성은 하이 웨이스트(high waist)로 매어 입었다.

팔루다멘툼 형태는 그리스의 클라미스와 같은 형태로 사다리꼴이나 반원형 천을 몸에 두르고 왼쪽 어깨를 완전히 감싼 후 오른쪽 어깨에서 장식핀으로 고정시켜 입었고, 권위를 상징하는 세그멘티(segmenti)나 클라비스(clavis)를 대었다.

기독교인들과 성직자들은 달마티카(dalmatica)를 입고 그 위에 팔루다멘툼을 덧입었다.

기독교의 영향으로 복식에는 상징적 문양과 몸을 감추는 금욕적이고 권위적인 실루엣이 나타났고, 직물은 실크, 리넨에 자수를 장식하거나 종교와 관련된 성서 속 등장인물과 동식물, 기하학 문양이 전체적으로 그려져 있고, 상징적 의미의 색채를 사용했다.

다윗왕과 지혜와 예언의 여신

모자이크로 표현된 귀족 여성

3) 메이크업

기독교의 종교 이념으로 인해 절제된 생활문화로 문화예술의 침체기였으며, 여성의 몸치장을 경시하는 풍조가 만연하였으며, 과장되고 화려한 색조 화장은 경멸의 대상이었다.

화장은 신이 주신 인간의 얼굴을 가면으로 감추는 행동으로 여겼고, 신에게 죄를 짓는 것으로 여겨 색조 화장은 금기시, 절제하였고, 육체를 꾸미는 것을 헛된 짓이라고 생각하였다.

4) 헤어스타일

초기에는 남녀 모두 로마 시대 스타일과 비슷하였으나 6세기경부터 달라지기 시작했다. 머리에 쓰는 관이나 장식을 중요시하였는데 그 이유는 관이 권위를 상징한다는 동방의 영향을 받은 것에서 기인한다. 초기에는 로마 양식처럼 땋은 후 밴드나 리본으로 묶거나 올리는 형태였다가, 8세기 이후 머리를 감싸는 형태가 주를 이루어 머리 자체의 스타일보다는 장식이 발달하게 되었다.

여성들은 대부분 모발을 비단으로 만든 두건이나 진주 장식이 된 망으로 씌었고, 실크와 리넨 소재의 모자나 금속으로 만든 관에 보석 장식을 하여 쓰고 다녔다.

남성은 앞이마를 내린 짧은 단발 형태이고 여성은 머리를 땋아서 내려뜨리거나 리본과 밴드로 묶어 올리는 형태에서 후기로 갈수록 터번이나 베일로 전체를 싸서 장식하는 형태가 유행하였다. 머리에 쓰는 관은 특징적인 '헤드 드레스(head dress)'로서 값비싼 보석 장식을 하고 금속으로 만들어졌다.

여성들은 초기에 모발을 자르는 것이 금지되어 자연 그대로 길게 늘어뜨리거나 양 갈래로 땋아 허리와 무릎 길이까지 길게 늘어뜨렸다.

테오도라(Theodora) 황후와 일행

미카엘(Michael) 7세의 왕관

유스티니아누스 황제와 테오도라 왕비(산 비탈레 교회 모자이크)

2 중세 초기(5~10세기)

1) 사회 · 문화적 배경

비잔틴 제국 이후 중세시대란 5세기 말에 서로마가 멸망한 이후부터 동로마가 멸망한 15세기까지 약 1,000년 간을 말한다. 게르만 민족의 대이동으로 서로마가 476년 멸망한 다음 게르만족의 서북부 유럽에 부족국가 형성기인 약 5세기부터 9세기까지 유럽은 '암흑시대(dark age)'에 해당된다.

프랑크족이 갈리아 지방을 통일하여 메로빙(Meroving) 왕조와 카롤링(Caroling) 왕조로 이어지는 중세 서유럽의 가장 핵심 국가를 형성하고 강력한 국가체제의 기틀을 다지게 된 시기이다.

프랑크족은 가톨릭으로 개종하고 로마인과 잘 융합하여 로마교회와 밀접한 사이가 되었고, 유럽 전역을 지배할 수 있는 권위와 힘을 지니게 되었다.
중세 초기는 혼란과 통일, 분열이라는 악순환을 거듭하면서 문화의 암흑기였으며, 수도원 중심의 문학과 예술 활동이 발달하였고, 자급자족적 농촌 경제로 직조 기술과 금세공 기술이 발달하였다.

프랑크족과 훈족

노르만족 귀족계급 복식

무장을 마친 앵글로색슨족의 왕

2) 패 션

중세 초기에는 게르만, 로마, 이슬람, 노르만, 훈족, 비잔틴 요소 등 정착한 곳의 지리적 위치에 따른 서로 다른 요소들이 혼합되어 나타나 게르만 복식문화에 반영되었다. 초기에는 서로마의 영향을 받다가 후기로 갈수록 비잔틴의 영향을 받아 매우 화려해졌고 로마적 요소와 비잔틴 영향이 융합되었다. 또한 그리스와 로마적인 복식을 기반으로 기독교의 종교적 요소와 의복구성 요소를 절충한 새로운 형태가 등장하게 되었다.

기본 복식은 튜닉과 멘틀로 지역과 종족별로 다양한 형태가 있었으며, 남녀 모두 T자 형태의 기본 튜닉을 입었는데 남성들은 무릎 길이, 여성들은 발목 길이로 입었다.

귀족들은 튜닉에 목선, 앞 중심선, 아랫단에 트리밍을 하였고, 왕족은 양 어깨에 '세그멘티(segmenti)'를 붙이고 소매의 진동 둘레가 넓고 손목으로 갈수록 좁아졌다.

기독교의 영향과 사회적 지위가 낮은 여성들은 얼굴과 모발을 완전히 감싸는 스타일로서 로브의 길이가 땅에 끌릴 정도로 길어졌다.

남성들은 튜닉 아래 '브레(braies)'라는 바지를 입고 추위를 막기 위해서 몸을 감싸는 외투를 원형, 직사각형, 반원형의 천으로 어깨에 두르고 앞 중심이나 오른쪽 어깨에서 장식핀으로 고정시켜 입었다.

3) 메이크업

중세 교회에서는 가발의 사용과 화장을 엄격히 금지하였다. 치장을 하는 것은 행실이 나쁘다고 생각하였으며 연극배우들만 화장품을 사용한다고 믿었다. 기독교의 전파와 함께 향유의 사용 기록만 있을 뿐 화장품이나 화장을 한 기록은 전혀 전해지지 않는다.

중세 초기의 기독교 지도자들은 여성의 육체를 유혹이 강한 죄악의 원천으로 여겨 여성의 목욕과 화장을 금지시켰고, 목욕은 고해와 영성체 전날의 청결을 위한 목욕만 허용하였으며 체취는 향수로 대체하였다.

4) 헤어스타일

남성의 헤어스타일은 짧게 자르거나 어깨까지 자연스럽게 늘어뜨리는 형태이고, 금발이나 붉은 컬러를 선호하였다. 여성들은 양쪽으로 길게 땋아 허리와 무릎 길이로 늘어뜨리고 다녔다.

사각형의 흰색 리넨 천으로 머리를 두르거나 보석 장식된 금속 밴드를 관처럼 쓰고 터번을 쓰거나, 장방형 천을 머리와 목에 감싸 드레이프시켰다. 9세기경에는 베일을 고정시키는 밴드가 사회적 지위를 표시하고 형태와 길이가 다양해졌으며, 많은 여성들이 염색을 하여 화장법보다 빠르게 헤어스타일 양식이 변화를 겪었다.

여성들의 단발은 중대사로 여겨졌고 앵글로족과 색슨족은 숱이 많은 모발을 기르고 수염색을 초록색, 오린지색, 푸른색 등으로 염색하기도 하였다. 남녀 모발이 푸른색으로 칠해져 있는 기록을 볼 때 염료나 분말로 염색을 한 것으로 추정된다.

3 로마네스크(중세 중기, 11~12세기)

1) 사회 · 문화적 배경

유럽은 10세기 후기에 접어들면서 통일과 안정을 누리게 되었고 문화적 부흥기가 도래하였다. 독일은 오토 1세가 독일 왕권을 확립해 신성로마제국을 건설하였고, 장원 경제제도가 발전하였다. 경제 활동의 활기로 인해 생활 수준이 향상되어 자신을 치장하는 일에 관심이 늘었다.

11세기 말에서 13세기 말까지 지속된 '십자군 운동'은 기독교 세력 확장을 목적으로 일어난 종교전쟁으로, 그리스와 로마 양식을 바탕으로 비잔틴 양식이 전래되어 로마네스크(romanesque) 예술이 나타났다.

로마네스크 양식은 환상적이고 신비로우며 비현실적인 느낌이 강하게 풍기며, 둥근 아치, 거대한 기둥과 작은 창문에 그 양식이 잘 나타난다.

십자군 전쟁으로 견직물과 면직물 기술이 수입되었고 제네바와 피렌체를 통해 염료와 수공업 원료가 수입되어 복식이 도시발달과 문물 교류를 담당하는 상공업자와 기술자의 능력에 의존하게 되었다.

12세기에는 봉건제도와 기사도 정신이 여성들의 일상에 영향을 미쳐 귀족사회 내 여성들의 지위가 높아졌고, 여성의 아름다움을 예찬하거나 가꾸기 위한 복식이 화려해지고 몸의 실루엣을 드러내고 밀착된 형태로 변화하게 되었다.

2) 패 션

'로마네스크 스타일'이란 고대 로마의 부활 이외에도 동로마 제국인 '비잔틴'의 영향을 받은 의복 형태를 말하며, 전체적으로 헐렁한 실루엣에서 몸에 밀착되는 형태로 발전해 나가는 과도기 스타일을 말한다.

로마네스크 복식은 전체적으로 의복의 실루엣이 몸매에 꽉 맞는 밀착된 스타일을 말하는 것으로, 11세기의 기본 복식은 '블리오(bliaud)'이다.

'블리오'는 남녀 모두 착용한 것으로 윗몸의 윤곽이 드러날 정도로 꽉 끼고 소매가 길고 넓으며, 스커트는 길고 넓어서 잔주름이 생기는 의복이다. 블리오 속에는 '슁즈'를 입고 겉에 맨틀을 덧입었다. 남성들이 짧은 블리오를 입을 때 북부 유럽인들의 영향을 받아 꽉 끼이는 스타킹을 신었다. 여왕은 블리오를 입은 다음 보석과 금으로 장식된 거들을 입었으며 긴 허리 장식끈을 허리에 돌려 아랫배에서 매고 끈을 앞으로 길게 늘어뜨렸다.

말, 깃발, 방패, 쉬르코 등을 문장으로 장식한 병사

여성의 가느다란 허리와 배의 둥근 곡선은 나중에 유럽 여성 복식의 형태를 결정짓는 요인이 되었으며, 몸에 꽉 끼는 의복은 입고 벗기 편하게 단추나 끈으로 조여서 여미는 방법으로 나타났다. 십자군 원정 기간 동안에는 '쉬르꼬(surcot)'라는 새로운 의복이 나타났다.

여성들은 블리오 위에 조끼 형태의 '꼬르사쥬(corsage)'를 덧입었고 몸의 곡선을 나타내기 위해 엉덩이 선까지의 길이에 꽉 달라붙게 입은 후 등 뒤를 튼 다음에 끈을 끼운 후 잡아당겨 입었다.

쉬르코와 튜닉(6차 십자군 원정을 떠나는 루이 9세)

로마네스크 스타일 여성 복식

3) 메이크업

십자군 전쟁 이후 동양으로부터 안티몬과 향유가 들어오고 회교도의 풍습이 전해져 여성들 사이에서 치장하는 것이 유행하였으며, 하얀 얼굴을 만들기 위한 흰색과 분홍색 수용성 안료를 사용하였다.

입술은 약간 도톰한 형태가 선호되었고, 눈썹은 14세기까지는 자연스런 형태가 유행되다가 고딕 시대 이후부터는 가느다란 눈썹을 선호하였다.

12세기에는 '파르(fard. 화장품)'라는 용어가 생겨나기도 하였는데, '채색하다(farjwan)'라는 의미를 지닌 프랑스어에서 파생된 것으로 추측된다.

로마네스크 화장

4) 헤어스타일

11세기경 남성 헤어스타일은 짧게 깎은 단발형과 어깨까지 늘어뜨리는 스타일이 있었으며, 어깨를 덮는 케이프가 달린 '후드(Hood) : 샤프롱(chaperon)'이 유행되어 모든 신분의 남녀 공용으로 애용되었다.

여성들은 앞가리마를 타서 앞가슴 쪽으로 머리를 두세 가닥으로 땋은 후, 길게 늘어뜨렸고 리본과 함께 땋은 후 발까지 내려오게 길게 타래를 만들기도 하였으며, 기혼 여성들은 집안에서는 땋은 모발을 뒤쪽에 감아 매거나 틀어 올리기도 하였다.

외출이나 종교 행사 시에는 리넨으로 만든 직사각형 형태의 흰 천으로 '윔플(wimple)'이라는 베일을 착용하였고, 양쪽 귀와 머리를 완전히 감싸서 드레이프 지게 하였다. 귀부인들은 관과 베일을 쓰고 베일을 고정하기 위한 금, 은, 보석으로 장식된 여러 가지 띠를 두르기도 하였다. 13세기경에는 뺨을 감싸는 '친 밴드(chin band)'가 유행하였다.

귀부인들은 관과 베일을 쓰고 원형이나 장방형 베일이 얼굴을 보이게 할 수 있도록 구멍을 뚫어 사용하였다. 비치는 베일에 금과 은장식을 하고 베일 고정용으로 띠를 둘렀는데, 금과 은, 면, 보석 등으로 다양해 신분과 계급을 나타내었다. 당시 사람들은 보석의 사용이 행운과 승리를 가져온다고 믿어 남녀 모두 즐겨 사용하였으며, 십자군들은 가슴에 꼭 십자가를 달고 다녔다. 미혼 여성들은 베일을 거의 사용하지 않는 대신에 리본이나 꽃으로 머리띠를 두르거나 관으로 썼다.

성 줄리아상

다양한 여성의 베일(veil)

중세 중기 여성의 머리장식(성 로렌스 성당의 사암상)

중세의 이상적 신체비율

4 고딕(중세 말기, 13~14세기)

1) 사회 · 문화적 배경

13세기부터 15세기는 고딕의 전성기로서 교회 건축을 중심으로 독특한 양식을 이루었다. 십자군 원정 이후 학문과 예술, 산업 등이 발달하였으며, 견직물, 모직물 등의 직물산업이 발달하였다.

'고딕(Gothic)'이라는 말은 게르만족 고드(Goths)족에서 유래된 말로, 고딕 양식이란 12세기 후반 프랑스를 시작으로 북으로는 영국, 남으로는 이탈리아, 스페인 등 유럽 전역에 보급된 중세 특유의 독자적인 건축 양식을 말한다.

십자군 전쟁의 실패로 교회의 절대적 권위는 무너지고 사람들은 중세적 기독교 관념에서 탈피, 인간적인 즐거움을 찾으려 노력하였다. 고딕 건축의 특징인 하늘을 찌를 듯한 뾰족한 탑과 교회 내부의 스테인드 글라스로 섬세한 장식을 하기도 하였다.

100년 전쟁으로 영국과 프랑스 국민들이 시달리고 있음에도 불구하고 귀족 계급에서는 부유하고 사치스런 생활을 하였다. 그러나 상업도 급격히 성장해 부가 증가하였으며, 중세 말인 13, 14세기는 근세로 넘어가는 과도기로 급변하는 시대에 적응하기 위해 생활 전체에 변화가 있었다.

노트르담 성당(중세 후기 고딕 양식)

노트르담 성당 내부

샤르트르(Chartres) 대성당 스테인드 글라스

2) 패 션

인체의 윤곽선을 잘 드러내던 12세기 의상은 13세기 유럽을 휩쓴 흑사병 이후, 밀착된 의상에 대한 반발로 잠시동안 인체를 헐렁하게 감싸고 드러내지 않다가 다시 부드러운 옷감을 사용해 곡선미를 드러내기 시작했다. 당시에는 이탈리아를 중심으로 리넨, 브로케이드, 수를 놓은 벨벳과 모피 직물이 유행하였고, 직물 모티프는 동물이나 기하학무늬, 새, 물고기, 사자와 표범 장식이 유행하였다.

십자군 원정으로 가문의 상징인 문양을 수놓은 옷 장식이 유행하였고, 십자군 전쟁 중 갑옷을 보호하기 위해 병사들이 덧입었던 쉬르코가 겉옷으로 변해 14, 15세기에는 '쉬르코 우베르(surcot-ouvert: 드러난 쉬르코)'가 유행되었다.

여성 복식인 '꼬뜨(Cotte)'는 블리오 대신에 남녀 공용의 원피스 드레스형 튜닉으로 바닥에 끌리는 정도로 길고 소매는 타이트하고 목둘레가 둥글고 몸판과 힙까지 꼭 맞게 입은 후 스커트 부분은 주름을 잡았다.

'푸르프앵(pourpoint)'은 14세기 중엽에 나타난 짧은 의상으로 남성들이 몸에 꽉 끼는 갑옷으로부터 몸을 보호하기 위해 심을 넣고 누벼서 입은 누비옷으로 후기에 일반화되면서 남성 상의로 자리 잡았다.

14세기 말에는 과시하려는 경향이 생겨나 품이 넓고 칼라가 귀에 닿을 정도로 높아진 '우플랑드(houppelande)'를 입었는데, 옷 길이가 무릎 길이인 것과 땅에 끌릴 정도로 긴 것이 있었으며, 앞 중심이 터진 것, 조금만 트여져 단추로 여민 것 등이 있었다.

14세기는 수 세기 동안 남녀 차이가 없었던 의복의 실루엣이 처음으로 뚜렷해져 남성 의복은 짧아지는 반면에, 여성 의복은 인체의 실루엣을 그대로 드러내는 화려한 형태로 변화되기 시작하였다.

남성의 겉옷이 짧아짐에 따라 다리를 가리게 되었는데 처음에는 양쪽 다리에 각각 끼우고 허리까지 잡아당겨 고정시켜 입다가, 나중에는 양쪽 앞가슴과 뒷중심을 꿰매어 '팬티 호즈(panty hose)'가 되었고, 상의는 푸르프앵과 하의는 호즈를 착용하게 되었다.

쉬르코투베르를 입은 잔느 드 부르봉과 잔느 다르마냑

푸르프앵

초기의 로브

로브와 우플랑드를 착용한 남녀

15세기의 남녀 복식

아르놀피니(Jan Arnolfini) 부부

3) 메이크업

그리스나 로마 시대 여성들처럼 얼굴 피부톤을 창백하게 하고 모발은 다갈색으로 염색한 다음 치아는 상아처럼 희게 보이도록 하는 화장법이 유행하였다.

미인의 전형으로는 창백한 피부에 넓은 이마를 강조하고 아치형의 흐릿한 눈썹에 장밋빛의 붉고 작은 입술이 미인의 기준이었다.

구체적으로 창백한 얼굴빛, 넓은 이마, 갈색 아치 형태의 눈썹, 장밋빛의 작은 입술, 새하얀 치아, 섬세한 손톱을 지닌 여성이 이탈리아, 프랑스, 독일에서 이상시하는 미인상이었다. 그럼에도 불구하고 당시 종교적 시대의 영향으로 자연스러운 얼굴이 더 이상시되었다.

소녀의 초상(Roger van der Weyden) 애냉(hennin)을 쓴 여자

소녀의 초상(Petrus Christus)

4) 헤어스타일

남성들은 컬을 해서 어깨 길이까지 길게 늘어뜨렸고 그 위에 관을 쓰거나 나중에는 사제의 헤어스타일처럼 뒷목을 깨끗이 면도하여 짧게 자르기도 하였다.

미혼 여성의 경우에는 컬을 한 다음 자연스레 늘어뜨렸고 기혼 여성들은 전부 위로 올려 밴드 또는 끈으로 묶거나 가운데 가르마를 탄 다음 양쪽으로 땋은 후 귀 위에 바퀴 모양으로 장식하였는데, 이를 '양의 뿔(ram' s horn)' 스타일이라고 불렀다.

머리망은 중요한 장식 도구로서 얇은 실크나 리넨으로 만든 베일을 쓰기도 하였고, 베일을 쓰지 않고는 교회 출입을 금하였다.

고딕 시대의 가장 큰 특징인 헤드 드레스는 이탈리아에서 시작된 '에넹(hennin)'으로, 고딕 건축의 뾰족한 형태를 잘 살려 딱딱한 원추형의 모자를 만든 다음 베일을 덮어 옷자락 끝까지 길게 늘어뜨린 것을 말한다. 100년 이상이나 애용되는 동안 디자인이 다양해져 하트 형태나 뿔이 두 개 달린 것 등 착용자의 사회적 신분과 부의 정도에 따라 다양한 높이가 나타났다.

고딕 시대 여성 복식

고딕 시대 연회장

고딕 시대 헤어스타일

CHAPTER 03

근세

1. 르네상스 시대

2. 바로크 시대

3. 로코코 시대

Beauty Culture & Trend

1 르네상스 시대

1) 사회 · 문화적 배경

르네상스(Renaissance, 1430~1530년)는 중세 사회가 근대 사회로 바뀌는 14~16세기에 서유럽 문명사에 나타난 학문 또는 예술의 재생 또는 부활이라는 의미를 가지고 있다. 프랑스어의 'renaissance', 이탈리아어의 'rina scenza', 'rinascimento'에서 그 어원을 찾을 수 있다. 고전학문과 그리스와 로마 문화를 부흥시킴으로써 사상, 문학, 미술, 건축 분야 등 다방면에서 인간성의 해방과 인간의 재발견 그리고 합리적인 사유(思惟)와 생활 태도 및 새로운 문화를 창출해 내려는 시기를 일컫는다. 5세기 로마 제국의 몰락과 함께 시작된 중세 시대를 '암흑시기' 혹은 '신 중심의 인간성이 말살된 시대'로 간주하고, 다시 고대 그리스와 로마의 부흥을 통하여 인본주의와 문예부흥을 통하여 인간중심의 사회로 개선한다는 의미를 갖고 있다.

십자군 전쟁(1095~1456) 이후 교회의 권위는 매우 약화되었고 중세 그리스도교적 세계관에 구애되지 않고 인문주의의 개척과 인간 존중의 입장에 서서 개인을 해방하려는 휴머니즘 경향이 나타났다. 동방 무역을 독점한 이탈리아는 베네치아, 제노바, 밀라노, 피렌체 등 여러 도시의 번영을 배경으로 상업과 무역이 번창하여 중상주의(重商主義)가 발달함에 따라 신흥 부자와 인간으로서의 자각을 가진 시민이 배출되었다. 도시에서는 귀족 계급보다 시민 계급이 우세하였으며 자본주의가 발생하였다. 르네상스 휴머니즘은 새로운 학문으로서 고대의 문예와 문물들을 수집하고 조명하여 고전어학을 연구하였으며, 신 중심에서 인간 중심의 세계관으로, 고딕 건축은 르네상스 건축으로, 라틴 문학은 국민 문학으로 변화되었다.

당시 이탈리아가 르네상스 문화를 주도하게 되었는데, 15~16세기에 이탈리아 피렌체의 메디치 가문(Medici family)은 가장 유력하고 영향력이 높았던 시민 가문으로 문학과 예술을 후원하여 실제적인 통치자 역할을 했으며, 르네상스 시대가 피렌체에서 열리는데 결정적인 역할을 하였다. 이 시기에 사회, 문화, 예술, 패션 등 모든 분야에 종교적 경향이 배제되고 화려한 색채와 문양, 열정과 감정을 표현하는 새로운 양식이 등장하여 전성기를 맞았다.

회화에서는 르네상스를 대표하는 이탈리아 피렌체 출신의 레오나르도 다빈치(Leonardo da Vinci, 1452~1519)가 원근법과 명암법을 완성하였다. 자연에의 과학적인 접근, 인체의 해부학적 구조와 수학적 비율을 연구하여 인체 묘사와 의학의 발전에도 기여하였다. 르네상스 시대부터 무대예술은 다양화되기 시작했으며, 고전 양식의 부활로 인하여 이탈리아에서는 오페라와 발레가 발달하였다.

16세기에 들어서는 일찍 절대왕권을 확립하고 아메리카를 발견 후에 금과 은으로 경제적 부를 축적한 스페인이 중심적 역할을 하였다. 그리고 이탈리아의 여러 도시들은 신대륙, 신항로의 발견으로 도시의 경제 기반이 붕괴되면서 쇠퇴의 길을 걸었는데, 프랑스와 독일, 영국 등 북유럽 지역에 새로운 학문과 사상들이 전파되어 각각 특색 있는 문화를 형성하였으며 근대 유럽문화 태동의 기반이 되었다. 프랑스는 내륙무역의 중계지로 다양한 문물이 유입되었으며 예술 감각이 뛰어난 패션 디자인과 직물산업이 발전하였다. 르네상스 시대는 인본주의와 자본주의가 태동하여 과학혁명의 토대가 만들어져 중세를 근대와 연결해 주는 시기라고 할 수 있다.

메디치 Medici(1389~1464) 일가

레오나르도 다빈치 자화상, 1515

Primavera(봄), 산드로 보티첼리(Sandro Botticelli), 1478

2) 패 션

르네상스 시대에는 인간 중심의 문화를 추구하게 됨에 따라 인간의 체형을 과시하고 아름답게 치장하는 복식문화로 발전시키는 계기를 마련하였다. 절대왕권의 기반이 확립되고 경제적으로 융성해지자 귀족들과 새로운 권력계급으로 부상한 부호 상인들은 복식을 통한 과장과 사치스런 장식으로 권력과 재산을 과시하고자 하였다.

르네상스 시대 복식의 특징은 남녀의 옷에 슬래시(slash)를 내어 활동하기 쉽고 예쁜 속옷이 보이도록 장식했으며, 외관상 입체적으로 넓이를 증대시켜 위엄을 나타내도록 하였다.

후기에는 스커트를 부풀리기 위해 철사나 고래뼈 등을 세공하여 만든 후프(hoop)를 사용하면서 인체의 체형을 무시하고 지나친 과장과 기교를 나타내었다.

남성은 근육을 강조하여 육체미를 과시하는 복식을 착용하였는데, 남성 상의인 더블릿(doublet)은 14세기 중엽부터 착용한 길이가 짧고 허리가 꼭 끼는 겉옷 상의로서 프랑스어로는 '푸르프앵'이라고 하였다. 원래는 중세시대 군인들이 갑옷 속에 입었던 재킷이 변형된 것으로 이후 17세기 전반까지 착용하게 되었다. 푸르프앵의 소매는 어깨와 함께 패드를 넣고 부풀려 남성미를 과시했고, 슬래시 사이로 흰 슈미즈나 안감과 대조되는 천을 보이게 하여 장식미를 표현하였다.

남성 하의인 트렁크 호스(trunk hose)는 16세기 중엽에서 17세기 초반까지 착용한 반바지의 일종으로, 구성 형태와 길이는 다양하였다. 길이가 점점 짧아지다가 후기에 갈수록 크게 부풀려 호박 모양으로 되었으며, 길이가 길어지고 슬래시 수도 증가하여 남성미를 과시하였다. 짧게 부푼 바지 밑에는 바지와 연결된 스타킹을 신었다. 또 남녀 공용의 칼라인 러프(ruff)는 레이스로 주름을 잡아 빳빳하게 세워 뒤쪽에는 부채를 벌린 듯한 거대하고 화려한 깃의 형태를 이루었으며, 르네상스 모드의 대표적인 특징이라 할 수 있다.

여성의 의상은 가는 허리와 풍만한 가슴을 강조하기 위해 허리를 조이고 부풀린 스커트와 소매, 엉덩이에 기교적이면서 과장된 장식을 사용하여 인체를 인위적으로 강조하는 복식을 착용하였다. 대표적인 의상인 로브(robe)는 퍼프소매가 달리고 목선이 깊게 파인 투피스 드레스의 일종이다. 먼저 리넨으로 만든 슈미즈를 입고 그 위에 가슴과 허리를 조이는 리넨 코르셋을 입어 몸에 꼭 끼게 하고, 긴 스커트가 달린 것인데 하체를 과장하기 위하여 스커트를 부풀리는 페티코트(petticoat)의 일종인 파팅게일(farthingale)을 입은 후에 착용하였다.

소매는 초기에는 꼭 끼었으나 후기에는 란제리(lingerie)가 보이도록 퍼프형에 슬래시를 넣기도 하였고, 소매 끝에는 레이스 등의 커프스를 달아서 장식적인 효과를 주었다. 상체는 몸에 꼭 끼게 하고 스커트는 길이가 바닥까지 길고 옆으로 퍼지게 하기 위하여 상의와 하의를 허리선에서 자르고 따로 재단해서 붙였다.

14세기 초기 의상

엘리자베스 1세(Elizabeth I) 여왕

3) 메이크업

14세기 중반부터 이탈리아를 중심으로 번성하기 시작한 르네상스 운동의 영향으로 육체의 미를 중요시 여기게 되어 화장품을 다시 사용하게 되었고, 화장을 비롯한 외모를 가꾸는 데 많은 시간과 정성을 들였다. 화장 미용에 관한 학문이 의학으로부터 분리되면서 향장학이 하나의 독립된 분야로 발전하였으며, 르네상스 시대의 전성기인 16세기부터는 개인주의와 향락주의로 인한 남성미와 여성미를 강조한 상류층에 의해 과도한 화장술이 사용되었다.

피부는 백납분을 사용하여 투명하고 창백한 흰 피부를 선호했으며, 이마를 둥글고 넓게 하기 위하여 이마선의 머리털과 눈썹을 깨끗이 면도하거나 왁스를 이용하여 얼굴에 잔털을 제거하였다. 눈썹은 활처럼 가늘게 그리되 그 형태는 편안한 곡선을 형성하면서 그린 후 직선으로 내려오게 그렸다. 15세기 후반에는 앞이마를 밀어내는 풍습이 점차 사라지면서 여분의 눈썹 털을 뽑아 가는 라인을 만들기도 하였다. 16세기 후반에는 자연스러운 굵기로 표현하였고, 얼굴에 먹으로 점을 그려 넣은 뷰티 패치(beauty patch)가 때때로 사용되었다.

눈은 둥글고 큰 형태를 좋아했으며 코는 윤곽선을 뚜렷하게, 콧대는 좁은 듯 그려줌으로써 지적인 이미지를 주었다. 아이라인은 가늘게 그려 눈에 크게 띄지 않도록 하였으며 전체적인 색조는 밝고 부드러운 색을 선호하였다. 입술은 작은 꽃 모양의 장밋빛 입술을 선호하였고, 볼에 가볍게 색조 화장을 하여 장밋빛 피부로 표현하였다.

특히 영국의 엘리자베스 1세(Elizabeth Ⅰ, 재위 1558~1603) 때에는 화장을 하는 여왕의 영향을 받아 여성뿐만 아니라 남성까지도 화장품을 사용하였으나, 수은이 들어간 로션과 납과 식초를 혼합한 분 등을 사용하고, 이마에 정맥을 그려 넣는 등 지나친 화장술로 피부를 심하게 훼손하기도 하였다.

이 시기에는 입욕은 드물었고 피부를 청결히 하는 것이 중요시되지 않아서 향수의 필요성이 높아졌으며, 장갑에 사향과 영묘향 등 강한 향을 발라서 체취를 관리하는 것이 유행하였다.

Madone(성모 마리아상), 프라 필립보 리피(Fra Filppo Lippi), 1465

〈젊은 여인의 초상〉, 도메니코 기를란다이오, 1485

4) 헤어스타일

르네상스로 접어들면서 여성들의 헤어스타일은 중세시대의 머리 전체를 덮었던 장식이 없어지면서 자유롭고 개성적이며, 보다 기교적인 헤어스타일이 등장하였다.

초기에는 넓고 높은 이마를 선호하였으며, 후두부의 교묘한 변형으로 보석이 달린 액세서리가 더해져 화려함을 더했다. 또한 고대 그리스의 단순한 머리형도 재등장하여 금발을 선호하고 일광에 의한 탈색을 행했으며, 머리분이나 헤어피스의 사용이 두드러졌다. 당시의 머리색은 황금색이나 적색이었으며, 청색은 하류층에만 사용하였다. 여자들은 이마를 완전히 보이게 올백 스타일을 하여 빗어 넘기거나 앞 중심에 가르마를 타고 뒷머리는 목덜미에 붙였으며, 후드나 본넷을 씌웠다. 길게 늘어뜨린 머리는 고전적인 방법으로 뒤로 모아 끈으로 묶거나 다양한 색상의 머리띠로 묶거나 화환으로 둘러서 장식하였다.

머리 장식은 개성적이었고 다양한 변형이 이루어졌다. 초기에는 고딕풍의 높은 에넹이 유행하다가 차츰 머리 장식의 높이는 낮아지고 넓어졌다. 16세기에는 앞이마를 드러내고 머리에 꼭 맞게 쓰는 모자나 돔 형태의 토크(toque)를 썼다. 낮은 후드로는 어깨까지 내려오는 게이블 후드(gable hood)와 끈으로 묶는 프렌치 후드(French hood)가 있었고 터번도 사용되었다.

화려한 복식과 금발의 염색이 강한 웨이브 컬과 다양한 색상과 종류의 가발이 유행하였으며, 당시 영국의 엘리자베스 1세 여왕은 치장하는 것을 중요시 여겨 여러 개의 가발을 사용하였다.

공작부인의 헤어스타일은 금발머리를 꼬불거리게 고데기를 이용하여 웨이브를 만들거나 양털 같은 모양의 오글오글하게 강한 웨이브를 주어 부풀렸다. 금발머리를 연출하기 위해 갈색 머리를 세밀한 과정을 거친 후 염색을 하고, 햇빛에 말리는 방법 등으로 다양하게 헤어스타일을 연출하는 것이 유행하였다.

르네상스 초기 남성의 헤어스타일은 컬을 하여 어깨까지 자연스럽게 늘어뜨렸다. 그러나 차츰 의복에서 러프 칼라가 유행하면서 크기가 대형화되어 긴 머리가 불편해짐에 따라 머리를 짧게 자르고 단정하게 빗어 넘겼으며, 머리와 같이 수염을 깨끗이 잘랐다. 16세기 중반부터 점차 단발화가 두드러졌으며, 콧수염을 기르거나 콜베라고 하는 일종의 단발에 짧은 턱수염을 붙이기도 하였다. 모자는 챙이 좁고 관이 높은 토크나 언더 캡을 안에 쓰고 본넷을 쓰기도 하였다. 르네상스 절정기에는 원형의 울, 벨벳, 새틴 등의 천을 끈으로 조여 머리에 꼭 맞게 작고 납작한 형태의 바레뜨(barrette)를 주로 착용하였다. 바레뜨의 장식으로는 메달과 브로치, 리본, 깃털 등을 붙였다.

〈Portrait of Ginevra Benci〉, Leonardo da Vinci, 1476

〈플로라〉, 티치아노, 1515~1517

〈프랑수아 1세의 초상화〉, 장클루에, 1525~1530

〈루키레지아 탄차티커의 초상〉, 아놀로 브론치노, 1540

2 바로크 시대

1) 사회 · 문화적 배경

바로크(baroque)의 어원은 포르투갈어 '찌그러진 돌멩이나 구슬'을 의미하는 'barocco' 혹은 '일그러진 진주'를 의미하는 스페인어로 'barrucca'에서 유래했다. 17세기 유럽사회는 르네상스의 찬란했던 문화가 막을 내리고, 새로운 문명으로 들어서는 전환기이자 격동기이다. 바로크는 신앙적, 정치적, 사회적인 면에서 동요가 심했던 시대로 사회의 혼란 속에서도 귀족들은 권위를 강조하고 감정을 극적으로 표현하며 부정형한 것, 기묘한 것, 진귀한 것을 좋아하는 취향을 가지게 된 시대적 감성과 예술양식의 시기라 할 수 있다. 바로크 양식은 16세기말 이탈리아에서 나타나기 시작했으며 유럽에서는 17세기에 활성화되었다.

바로크는 16세기 유럽 문명사의 한 축을 형성하는 종교개혁과 그에 따른 종교전쟁이 몰고 온 종교적 위기와 깊은 관련이 있으며, 신대륙의 발견과 과학의 발달, 당대 유럽 전역을 휩쓸고 지나간 기아와 전염병으로 인해 생명의 덧없음과 지구뿐 아니라 인간 역시도 우주의 중심이 아님을 깨달은 데서 비롯한 지적인 혼란에서 야기된 하나의 세계관이었다. 계몽주의의 영향으로 현세에서의 안락함을 우선시하여 형식과 사치를 중요시하였다.

17세기에 들어와 유럽의 정세는 크게 변화하였다. 독일 종교분쟁으로 시작된 30년 전쟁(1618~1648년)은 유럽 전체의 국제전쟁으로 확대되었다. 또한 전쟁 속에서 지리상 발견으로 열리게 된 해외로의 진출은 서둘러졌고, 식민지 획득에 치열한 경쟁을 벌였던 17세기 유럽 각국의 해외시장 개척은 외교, 무역 등 활동 범위를 넓혀 놓았다.

유럽에서는 지리상의 발견에 유리했던 포르투갈과 스페인이 번영하고 있었으나, 17세기 전반기에는 스페인으로부터 독립한 네덜란드가 동양과의 해외무역에서 동인도회사, 서인도회사 설립 등으로 급속한 발전을 이룩하면서 강대국이 되었다. 또한 공화연방제의 시민 중심 구조인 네덜란드의 합리적이고 실용적인 시민적 복장이 유럽에 전파되어 새로운 유행을 일으켰다. 영국도 해상권의 장악과 모직물 공업의 발달로 세력을 확장해 가고 있었고, 정치적으로 자유 민주주의를 향해 가면서 크롬웰(Oliver Cromwell, 1599~1658)에 의해 공화정이 실시되었으나, 다시 왕정복고가 이루어지면서 사치스러운 귀족 중심의 문화로 돌아갔다.

17세기 후반부터는 프랑스와 영국이 해외 발전을 놓고 각축전을 벌이게 되나, 프랑스 루이 14세의 절대주의의 절정으로 유럽의 패권을 장악하였다. 1661년 루이 14세는 왕정의 권력과 모든 계층에 왕을 중심으로 하는 절대왕정제도를 확립시키고 화려한 귀족문화를 번성시켰으며, 모든 문화의 중심을 차지하여 전 유럽에 프랑스 문화의 영향을 미치게 하였다.

특히 왕비와 궁정의 여성들이 화려한 복식과 치장으로 유행을 선도하였다. 상업의 발달과 넓은 국토에 길드제도에 의해 얻어진 고급 견직물과 레이스 등의 직물공업의 발전은 프랑스를 유행의 중심이 되게 하였고, 패션잡지인 커스튬 프레이트(costume plate)도 제작 판매되었다.

바로크의 예술적 표현 양식은 르네상스 이후 17세기에서 18세기에 걸쳐 서양의 미술, 음악, 건축에서 잘 나타나고 있다. 양식의 변천에 따라 바로크의 시대는 전기, 중기 그리고 후기로 나누어진다. 바로크 예술은 전체에 종속되는 부분들의 조화를 통한 균형을 강조하였다. 이 시기 건축의 특징은 웅장하고 화려한 거대한 양식, 곡선의 활용, 자유롭고 유연한 접합 부분 등이다. 대표적인 건축물은 베르사유 궁전(Château de Versailles)으로 호화로운 건물과 광대하고 아름다운 정원으로 유명하다. 조각에서는 비상하는 동적인 자태와 다양한 의복의 표현 등을 특징으로 하였으며, 회화적 특징은 대각선적인 구도, 원근법, 단축법, 눈속임 효과의 활용 등이 있다. 18세기에 들어와서도 바로크는 로코코 양식 속에서 명맥을 유지하였다.

베르사유 궁전

성베드로 성당

2) 패 션

바로크 시대의 특색인 복잡하고 화려한 예술 양식은 복식에도 반영되었다. 초기에는 네덜란드의 영향으로 입기 편한 기능적이고 실용적인 의복이 남성복에 나타나 남성복, 여성복 모두 활동적인 시딘복 스타일이 나타났으나, 중엽부터 프랑스 루이14세 왕조의 귀족 스타일의 화려한 모습으로 변모되었다. 레이스는 이탈리아로부터 기술을 도입해서 알랑송에서 생산하고, 리본 직기도 고안되어서 의복을 화려하게 장식하게 되었고 프랑스가 유행의 중심이 되었다.

17세기 여성복에는 르네상스 시대의 투피스에서 원피스로 된 로브를 착용하였으며, 파딩게일은 사라지고 페티코트를 몇 장 겹치고 드레스 밑의 페티코트는 드레스와 조화를 이루는 색상과 문양을 사용하였으며, 드레스 앞을 A라인으로 만들어서 거창한 실루엣을 형성하였다. 또 상의 부분에는 퍼프 슬리브로 큰 깃 트임에는 레이스의 칼라를 달았고, 허리는 가늘게 보이도록 16세기와 마찬가지로 V형으로 되어 있었다. 물결 모양의 곡선이 동적인 느낌을 주며 화려한 장식은 정열적이고 요염한 분위기를 나타내었고, 문양은 꽃, 잎사귀, 열매 모양을 도안화 당초무늬와 C형의 곡선을 많이 이용되었다.

17세기말이 되자 여성들은 로브에 리본, 레이스로 많은 장식을 하였고, 허리 뒷부분에 틀을 대어 높인 뒤 스커트 자락을 좌우로 감아올려 엉덩이 뒷부분으로 끌어 올린 버슬 스타일(bustle style)을 출현시켰다. 앞으로는 아름다운 페티코트를 보이게 했으며 머리에는 레이스를 주름 잡아 부채처럼 높이 올린 '퐁탕주(fontange)'라 불리는 장식용 모자를 착용하였다.

남성복은 17세기 초반에는 네덜란드 시민문화의 영향으로 패드가 없어지고 약간의 퍼프와 슬래시만 남았으며, 간편해진 푸루프앵과 넉넉한 반바지를 착용하였다. 그러나 프랑스 루이 14세의 즉위 이후 귀족풍의 독특한 의상이 주를 이루게 되었다. 1760년경에는 스커트 형식의 랭그라브(rhingrave) 또는 패티코트 브리치즈(petticoat breches)가 귀족층에서 유행하였다. 상의인 더블릿은 옷 길이가 짧아져서 속에 입은 셔츠가 허리와 소맷부리에서 많이 보이게 하고 레이스가 달린 큰 칼라를 붙였다.

17세기 말의 대표적인 남성복 스타일은 기장이 긴 재킷, 소매달린 조끼, 앞이나 소맷부리에 레이스가 달린 셔츠, 무릎 길이의 바지, 앞으로 늘어뜨린 스카프였으며 현대 신사 복식의 기초가 되었다. 재킷에는 큰 커프스가 달리고 커프스나 앞에는 보석이나 칠보의 단추를 달아서 화려하게 장식하였다.

〈아내 이사벨라 브란트와 함께 한 자화상〉, 루벤스, 1609~1610

〈마리아 테레사 공주〉, 디에고 벨라스케스의 작품(17세기 복식)

3) 메이크업

바로크 시대에는 살이 찌고 둥글고 성숙한 용모와 풍만한 아름다움이 미인형의 기준이 되었으며, 사치스런 문화로 인해 귀족들과 여성들은 과도한 장식과 화장을 즐겨 하였다.

상류층 귀부인들은 하루 3~4시간을 들여 화장을 정성껏 하였으며, 오후에는 극장에서 연극과 오페라를 관람하거나 살롱에 나가거나 사교모임에 참석하는 것이 관례였다. 따라서 진한 무대화장이 발전하였고 오페라 출연 여배우의 화장을 따라 하고 유행하기도 하였다.

귀족 여성들은 피부에 백납분을 발라 희게 표현하였으며, 광대뼈와 눈 가까이의 볼에 붉은빛으로 홍조를 띠게 했으며, 장미 같은 입술, 통통한 외모, 긴 웨이브 머리 및 뷰티 스팟 등을 선호하였다. 중산계급의 여인들은 볼을 엷게 발랐다. 이 시기의 여인들은 볼 화장을 중시했으며 주머니 안에 작은 상자를 가지고 다니면서 화장붓과 거울 등을 꺼내어 거리낌 없이 볼 화장을 하거나 화장을 수정하였다. 뷰티 패치는 스팟(spot), 무슈(mouche) 등으로도 불렸으며 얼굴에 희게 화장을 하고 타프타 천을 대고 점, 초승달, 별, 다이아몬드 등의 모양으로 오려서 이마에 붙여 위엄을 나타내거나, 눈가에 붙여 정렬을 나타내거나, 입가에 붙여 요염함을 나타내었다. 원래는 얼굴 흉터나 여드름을 감추기 위한 것으로 시작되었으나 이성을 유혹하는 관능적인 목적으로도 사용되었는데, 남녀노소를 불문하고 모든 계층에서 널리 유행되었다. 또한 가면이 유행하였는데 피부가 햇볕에 그을리는 것을 막기 위해서 혹은 사람을 만나거나 외출 시 흉터, 천연두 자국 등의 얼굴 결점을 가리기 위해 사용되었다. 바로크 시대에는 흰 피부에 진한 화장으로 마치 인형처럼 보이게 하는 화려하고 인위적인 화장을 선호하였으나, 목욕을 별로 중시하지 않아서 체취를 관리하기 위하여 강한 향수를 사용하였다.

〈마리아 테레사 공주〉, 디에고 벨라스케스, 1651

〈La toilette〉, 프랑수와 부셰

4) 헤어스타일

바로크 시대에는 르네상스 이후 상의의 러프 칼라가 점점 커지면서 머리가 작아 보였으므로 머리형을 점점 부풀려서 높아졌고, 남녀 모두 풍성한 웨이브나 완만한 컬을 늘어뜨린 유동적인 머리형으로 되었다.

여성들의 헤어스타일은 초기에는 머리카락을 앞에서 뒤로 올백형으로 높게 빗어 넘겨 리본으로 매어주고 진주나 보석 또는 헤어핀으로 장식하였다. 중기에는 머리카락을 곱슬거리게 컬을 하여 얼굴 양옆으로 볼륨 있게 부풀린 형태나 컬한 머리를 어깨까지 늘어뜨리는 형태가 유행하였다. 1670년대에는 전체적으로 컬을 만들어서 머리 전체가 컬로 뒤덮여서 화려하고 풍성하게 부풀리는 스타일이 유행하였는데, '꽃밭' 또는 '양배추형'이라고 불렀다. 1690년대부터는 퐁탕주(Fontanges) 스타일이 유행하였다. 퐁탕주 스타일은 프랑스 루이 14세의 총애를 받던 퐁탕주(Mode Moisell Fontanges,1661~1681) 공작부인이 궁정 사냥에 나가서 머리카락의 흐트러짐을 방지하기 위해 가터로 모아 묶게 되는 데에서 유래되었다.

처음에는 리본 장식의 단순한 것이었는데 후에는 머리카락을 포마드로 고정하고 리본 깃털 등과 함께 머리에 딱딱한 리넨이나 레이스를 주름 잡아 철사로 쌓아 올려서 복잡한 머리장식으로 발전했다. 캡은 후두부에 착 달라붙는 평평한 것으로 철사 등으로 머리 위 높게 레이스나 리넨의 프릴장식이 달려 있었다. 또 레이스나 리넨의 래핏이라고 불리는 긴 두 개의 늘어진 장식이 목덜미에서 어깨에 걸쳐 내려오게 하였고, 앞머리는 퐁탕주의 중앙으로 향해 말려서 솟아오르게 하였다.

남성들의 헤어스타일은 17세기 초에는 이마에서 뒤로 머리카락을 빗어 넘긴 형과 앞이마가 덮이는 곱슬머리형의 짧은 머리가 유행하였다. 중기부터 남성들의 머리가 길어져서 어깨를 덮었으며 왼쪽 머리 다발을 리본으로 묶어 가슴 쪽으로 늘어뜨린 러브록(love lock)과 양쪽을 늘어뜨린 헤어스타일이 유행하였다. 1660년대 이후부터는 앞머리를 뒤로 빗어 넘기고 곱슬거리는 머리카락이 어깨와 가슴으로 흘러내리는 스타일의 페리위그(peri wig)나

매우 크고 무거운 풀버텀 위그(full bottom wig)의 가발을 쓰는 것이 유행하였고, 상류층에서는 필수적으로 착용하였다.

〈Dentelles et perfes〉, A.S.Coello, 1579. 르네상스 후기~바로크 초기 헤어스타일

〈Douceur et blondeur〉, Le Guerchin, 1649. 바로크 초기 헤어스타일

퐁탕주 공작부인(Mode Moisell Fontanges)

퐁탕주 헤어스타일과 화장하는 모습

3 로코코 시대

1) 사회 · 문화적 배경

로코코(Rococo) 양식은 18세기 초 파리에서 시작되어 곧 프랑스 전역과 후에 독일과 오스트리아에까지 퍼진 예술 양식이다. 로코코의 어원은 '정원 장식용으로 사용된 조개 껍데기나 거친 돌 또는 자갈'을 의미하는 프랑스어 '로카유(rocaille)', '코키유(coquille)'에서 비롯되었으며, 우아하고 여성적이며 인공적인 느낌의 곡선을 의미하였다.

로코코 시대에 접어들면서 귀족사회는 서서히 몰락해가고 새로운 부르주아 계급의 급성장으로 형식적이고 엄격함보다는 감성적이고 향락적인 생활을 추구하게 되었다. 궁정문화보다는 아름다운 귀부인들을 중심으로 편안한 살롱(salon)문화가 발달하게 됨에 따라 여성 중심의 잔잔하고 섬세한 곡선미의 로코코 예술이 탄생되었다.

바로크 양식이 절대적인 국가의 왕성한 의욕을 나타내었다면, 로코코 양식은 섬세하고 우아한 곡선이 주제를 이루며, 밝고 화려하고 세련된 귀족 취향을 바탕으로 하여 장식의 개념에 치중하였으며 인간적인 친근함이 표현되었다. 꽃, 리본, 루프, 보석 등을 이용한 화려한 장식, 과감한 대형 헤어스타일, 가슴은 부풀게 하고 코르셋으로 날씬하게 조인 허리의 강조, 최대한으로 풍성하게 퍼진 후프 스커트 등에서 우아한 로코코 스타일의 특징을 찾아볼 수 있다.

이러한 로코코 양식은 프랑스 살롱을 중심으로 전 유럽에 확산되어 각지에서 독자적인 양식으로 발전하였으며, 직물과 복식뿐만 아니라 건축, 가구, 음악, 미술 등에 많은 영향을 미쳤다. 프랑스에서는 프랑스혁명 때까지 복식 전반을 지배하였으며, 특히 루이 15세의 애인이었던 퐁파두르(Pompadour)와 두바리(Dubbary) 그리고 루이 16세 때 왕비였던 마리 앙트와네트(Marie Antoinette, 1755~1793)는 패션 리더로서 그 당시 프랑스뿐만 아니라 전 유럽의 유행을 주도하였다.

18세기 중엽부터는 고대의 간소한 아름다움이 로코코 양식에 융합되기 시작하여 품위 있는 직선을 선호하게 되고, 자유로운 움직임으로부터 일정한 규정을 추구하려는 약간 다른 경향도 나타났다. 프랑스혁명 이후 프랑스 모드는 획기적인 산업 혁명으로 급속히 발전하게 된 영국으로 옮겨져 궁정 귀족풍의 찬란하고 퇴폐적인 모드는 쇠퇴해가고, 영국의 간소하고 실용적인 모드로 변화되어 갔다.

〈타운리 미술관의 찰스 타운타라와 그의 친구들〉, 요한 조퍼니, 1781~1783

Marie Antoinette

2) 패 션

18세기에는 귀족 외에 부르주아 계급이 새로운 지배 계급으로 등장하여 근대적인 개인의식이 고조되었던 시기로, 내세의 행복에 대한 동경보다는 현재에서의 향락 추구를 중요시 여기게 되었다. 복식은 밝고 섬세하며 감각적인 귀족문화의 성격을 지녔으며, 좌우 균형을 깨뜨린 자유로운 형식에 의한 곡선을 선호하였고 화려한 장식이 중심이었다. 복식 사상 그 유래를 찾아볼 수 없을 정도로 지나친 사치와 화려함을 표현했던 로코코 스타일은 궁정 여인들의 관능적이며 향락적인 생활상이 그대로 반영되어 의상에서부터 나타나게 된 것이다.

18세기 복식의 대표적인 특징은 가슴을 깊이 파고 허리를 조이고 하체 부분은 부풀림으로써 깊이 파인 목둘레선으로 가슴이 많이 노출되고, 소매나 팔꿈치부터 층층으로 풍부한 주름 레이스를 붙였다. 허리를 코르셋으로 조여 여성적인 곡선미를 의식적으로 강조하였으며, 하체 부분은 파니에(panier)로 부풀려 리본이나 레이스, 꽃, 리본, 깃털 등으로 장식하는 것이 유행하였다. 이러한 로코코의 여성적 모드는 남성복에도 영향을 미쳐 여성적인 우아함을 띠게 하였다. 그러나 지나친 향락적 귀족주의는 일반인들의 불만을 크게 일으켜 프랑스혁명을 가져 왔는데, 혁명 이후에는 고대 스타일의 간소한 아름다움의 영향을 받아 단순화되기 시작하였다.

18세기 여성 복식의 기본은 로브, 슈미즈, 외투 등으로 구성된다. 로브는 로코코 시대 대표적 여성 의상으로 가슴을 깊게 판 네크라인과 크게 부풀린 원피스 스커트이다. 장식적인 특징은 타이트한 소매 끝에 여러 층을 이루는 레이스 러플장식인 앙가장뜨(engageantes)와 스커트 A형 트임의 가장자리나 페티코트 드레스에 사용되는 헝겊, 레이스를 트리밍한 주름 장식인 팔발라(falbala)이다.

18세기 대표적인 의상인 로브는 로브 아 라 볼랑드(robea a la volante), 로브 아 라 프랑세에즈(robe a la francaise), 로브 아 라 뽈로네에즈(robe a la polonaise)가 있다. 로브 아 라 볼랑드는 화가 와토(Watteau)의 그림에 많이 그려져서 '와토 가운(Watteau gown)'으로 불렸으며, 뒤 목둘레선에 큰 두 개의 맞주름이 허리까지 잡혀있고 여유 있는 품에 스커트 뒷자락이 바닥에 끌리는 형태이다.

로브 아 라 프랑세에즈(robe a la francaise)는 18세기 중반의 여성복을 상징하는 드레스로, 루이 15세와 16세 때 프랑스 궁정에서 여성복으로 많이 입혀진 와토 가운이 변형된 드레스이다. 와토 가운처럼 큰 주름이 잡혀있고 앞 상체는 꼭 맞고 스커트가 좌우로 확대된 실루엣이다.

로브 아 라 뽈로네에즈(robe a la polonaise)는 폴란드풍 드레스란 뜻의 로코코 말기의 대표적인 로브로서 파니에의 축소에 따른 스커트의 축소로 인해 볼륨은 옆보다는 뒤로 집중되게 된 형태로 양옆과 뒤 엉덩이 쪽에 오버 스커트를 여러 개의 드레이프로 부풀려서 붙인 형태로, 스커트의 단을 착용하는 사람이 원하는 높이로 들어 올릴 수 있는 디자인으로 되어 있다. 소매는 자보 슬리브(jabot sleeve)로서 팔꿈치까지는 꼭 맞고 그 끝은 러플 장식으로 화려한 로코코 양식의 특성을 잘 나타내 주었다.

로브 위에 입는 외투로는 안에 털을 대거나 솜을 넣은 망토형 코트인 플리스(pelisse)와 후드가 달린 망토 스타일의 풀리린느(pelerine)가 있었다. 방한용 토시인 머프(muff)는 남녀 모두 필수품처럼 되었고 크기가 점차 대형화되었으며, 보온과 위엄을 나타내는 중요한 액세서리로 사용되었다.

1792년부터는 여성복이 직선으로 내려오고 전체적으로 여유 있는 단순한 슈미즈와 같은 형태가 되어 스커트의 볼륨이 축소되면서 머리를 높게 올려 과장되게 장식하게 되었는데, 이때 사상 최대로 거대한 헤어스타일이 등장하기도 하였다.

남성 복식은 기본형에는 큰 변화가 없이 기능적인 의상으로 발전하였다. 17세기에 확립된 코트, 조끼, 바지의 형식이 그대로 지속되었고, 보다 여성적인 스타일이 되어 부드러운 느낌을 주었다. 코트(coat)로는 기본형은 17세기의 것과 별다른 것은 없으나, 여성 의상처럼 허리는 약간 안으로 들어가고 엉덩이 부분부터 단까지는 밖으로 자연스럽게 퍼져 나가고 양 겨드랑이에 큰 주름을 넣어 실용성과 장식성을 겸비한 궁정 예복인 아비 아 라 프랑세에즈(habit a la francaise)와 너무 몸에 끼지 않고 불필요한 여유분이나 장식을 없앰으로써 활동하기에 편리한 실용적인 형태로 변형된 일반시민들의 수수한 의상인 프락(frac), 상반신이 꼭 맞게 허리는 조여지고 단은 퍼져있는 승마복용 코트로 칼라가 2중으로 되어 있는 르뎅고트(redingote)가 있었다. 베스트(veste)는 남성의 실내복으로 사용되었으며 화려한 수를 놓았고, 중앙에 아름다운 단추를 여러 개 달았으며 간편하게 입는 유사한 스타일로는 질레(gilet)가 있었다.

바지로는 반바지 형태의 통이 좁은 퀼로트(culotte), 퀼로트와 함께 착용했던 양말 형태의 호즈, 판탈롱(pantalon)이 있었다. 18세기 전반에는 흰색 바탕에 파란 줄무늬 양말을 신는 것이 유행했다. 판탈롱은 프랑스혁명 당시 혁명가들이 입었던 긴 바지로서 귀족사회의 몰락과 민중의 승리를 의미하는 의상으로서 7부 정도의 길이에서 차차 길어졌다.

〈The pleasures of the ball(무도회의 즐거움)〉, Jean-Antoine Watteau, 1717

〈French Comedians(프랑스의 희극배우들)〉, Jean-Antoine Watteau, 1720

〈그네〉, 장 오노레 프라고나르, 1770

3) 메이크업

18세기에는 귀족들의 부르주아적 감상과 이국적 취향이 반영되어 청결과 실용성보다는 기교적이고 예술적인 화장 문화가 형성되었다. 화장품의 제조가 활발해졌고 프랑스에서는 귀족들을 위한 향수와 화장품숍이 생겼다. 남녀 모두 화장에 많은 비중을 두었으며 바로크 시대보다도 인공적인 화장법이 발달하였고, 파우더를 머리 전체뿐 아니라 얼굴에도 하얗게 발랐다. 장신구로 보석의 사용은 줄어들었고, 남성들은 외눈 안경을 장신구로 사용하였으며, 여성들의 짙은 화장을 따라 하기도 하였다.

인형 같은 얼굴을 이상적으로 여겼으며 막 유년기를 지난 얼굴에도 화장을 하였다. 여성들은 하얀 피부를 위해 희고 두꺼운 화장을 하였으며, 통통한 외모, 넓은 이마, 깔끔하고 가는 검은 눈썹, 혈관은 아름다운 푸른색으로 치장하였으며 장미 같은 입술, 안료의 독성과 피로로 인한 창백함을 없애기 위해 붉고 둥근 볼 화장을 선호하였다. 볼의 약간 아랫부분을 붉게 칠하여 상기된 느낌을 연출하였으며, 유행에 민감한 여성들은 불룩한 뺨을 연출하기 위해 '플럼퍼(plumper)'라는 호두를 입에 물기도 하였다. 또한 숱이 적은 눈썹을 보충하기 위해 쥐의 피부로 만든 인조눈썹을 붙이기도 하였다. 눈빛을 맑고 촉촉하게 보이기 위해 벨라노라(belladona)의 식물즙으로 동공을 확대시키기도 하였고, 뷰티 패치 위에 다이아몬드를 붙이기도 하며 다양한 형태로 계속 유행되었다.

가면무도회에 쓰는 가면은 18세기 후반까지 사용되었는데 그 위에 뷰티 패치를 붙이기도 하였다. 18세기 체취관리를 위해 향수의 사용도 계속되었으며, 바람으로부터 얼굴을 보호하기 위해 부채를 사용하던 것이 장식용으로 자리 잡았다.

18세기 후반 프랑스혁명 이후 진한 볼 화장은 줄어들었으며, 영국에서는 시민혁명 이후 청도교도적인 생활로 진한 화장은 사라지게 되었다. 이후로는 화장하지 않은 얼굴, 자연스런 머리 등이 유행하여 자연스러움을 표현하게 되었다.

마담 퐁파두르(Pompadour), F. Boucher, 1759

〈호가스가의 하녀들〉, 윌리엄 호가스, 1750~1755

〈키르케 같은 해밀턴 부인〉, 조지 롬니

4) 헤어스타일

로코코 시대에는 헤어스타일에 많은 집착을 하였으며, 가발을 쓰는 것을 더 선호하였다. 하녀와 머리 손질하는 사람들을 두어 작은 머리를 만들어 놓고 지지대를 이용해 크고 높게 인공적인 머리를 만들었다.

18세기 여성의 머리형은 초기에는 바로크 시대에 유행했던 퐁탕주가 유행하였으나, 차츰 소형화되어 퐁탕주가 깔끔하고 낮아졌다. 루이 14세 사망 후 머리카락을 부풀리지 않고 뒤로 빗어 넘긴 우아하고 깔끔한 퐁파두르(pompadour)형이 유행하였다. 남성 가발 역시 대형가발에서 깔끔하고 단정한 모습으로 바뀌었다.

18세기 중반까지의 헤어스타일은 비교적 단순했는데 일반적으로 머리카락을 앞에서 뒤로 넘기고 어깨 위로 늘어뜨렸다. 그러나 차츰 머리를 높이기 시작하였고 머리는 조화로 장식하고 머리 전체에 파우더를 뿌렸다. 파우더를 뿌리는 것은 살롱에서의 에티켓으로 흰색이 가장 선호되었으며, 다양한 색상의 파우더를 과도하게 뿌려서 헤어 색상을 변화시키는 것이 유행하였다.

1730년경에는 다시 가발이 나타났는데, 결발사(結髮師)들은 까만 리본이 달린 타이 위그(tie wig), 머리에 뿌린 밀가루가 떨어지는 것을 받아 담는 자루형인 백 위그(bag wig), 피그테일에 매듭이 지어진 피그테일 위그(pigtail wig), 비둘기 날개형인 엘 드 피종(aile de pigeon), 말린 털의 보브 위그(bob wig), 아동용의 스크래치(scratch) 등 가발을 사용한 특이하고 거대한 헤어스타일을 만들어냈다. 1760년대에는 대형 헤어 장식들의 높이와 더불어 복잡함과 기발함, 인공적 헤어스타일의 기교가 절정에 달했다. 그러나 프랑스혁명 이후 가발은 짧아졌고 차차 모습을 감추게 되었다.

로코코 퐁파두르 스타일

로코코 퐁파두르 스타일

〈라 부아지에 부부의 초상〉, 자크 루이 다비드, 1788

CHAPTER 04

근대

1. 엠파이어 시대
2. 로맨틱 시대(왕정복고 시대)
3. 크리놀린 시대
4. 아르누보 시대(버슬 스타일)
5. 아르누보 시대(S자형 실루엣)

Beauty Culture & Trend

서양사에서 19세기는 근대사회의 발생과 발전기로서 정치적으로 민주주의의 기틀이 다져지기 시작하는 시기이며, 중산층의 수가 증가함에 따라 그 영향력이 커지는 시민문화 형성기이다. 프랑스는 루이 14세 시기부터 재정난에 시달려 오다가 루이 16세에 이르러서는 무능하고 나약한 왕 자신과 왕비 마리 앙트와네트에 의해 파산 직전에 이르러 제 1신분층인 성직자와 제2 신분층인 귀족이라는 소수 특권층 이외의 3신분 계층의 시민과 농민이 차별 대우를 받자, 이에 반발해 귀족정치를 무너뜨리기 위한 대혁명이 발발하였다.

1789년, 18세기 말에 발생한 프랑스혁명은 사회의 진보에 영향력을 미쳐 복식면에서도 많은 변화가 있었는데, 복식은 권력층의 일부 기호나 취향이 아닌 대중과 관련된 복식으로 변화하였고, 기능성을 중시하는 실용주의로 바뀌었다.

프랑스는 1795년 나폴레옹 보나파르트의 제 1제정 시대부터 1815년 나폴레옹 실각 후 반혁명파가 정권을 잡자, 루이 18세에 의해 왕조 시대가 부활하여 나폴레옹이 만들어 놓은 자유주의를 소멸시키고 다시 과거의 정치로 돌아가게 되었다.

왕정 복고기의 유럽은 다시 귀족중심 사회가 되었지만 자본주의 체제가 발전하였고, 정치적 혁명과 과학의 발달로 사회 전반에 급진적인 변화가 이루어졌다.

1848년 2월 혁명으로 프랑스는 다시 귀족정치를 벗어나 일반대중을 위한 정치를 하게 되었지만, 1848년 제 2공화국 대통령으로 선출된 루이 나폴레옹은 1862년에 스스로 황제로 칭하며 나폴레옹 3세가 되면서 제 2제정이 수립되었다. 프랑스의 나폴레옹 3세가 독재정치를 하는 동안, 영국은 빅토리아 여왕의 전통적인 민주주의 체제하에서 자유주의 경제정책을 실시함으로써 유럽 사회에서 경제 강국으로 발전하였다. 과학기술의 발달과 생활수준의 향상으로 실용문화가 부각되고 현대적 문화의 발전과 기계산업, 공공기관의 채용, 교육과 사회적 참여 등 여성들의 권리를 높이기 위한 각국에서의 캠페인이 지속되었다. 19세기 산업발전으로 합성섬유와 인조섬유가 발명되고 인공염료의 발명으로 직물의 종류와 직물의 컬러가 다양해졌으며, 재봉틀의 보급 증가로 의복의 대량 생산이 가능해졌다. 이와 같은 시대적 상황을 중심으로 19세기의 복식은 다음과 같이 크게 4개의 시대로 나뉘어진다.

1 엠파이어 시대

엠파이어 시대(1789~1815)는 다음과 같이 다시 3개의 시기로 나누어 볼 수 있다.

- 혁명 시대(1789~1795)
- 통령 정부 시대(1795~1799)
- 집정 시대와 제 1제정 시대(1799~1815)

1) 사회 · 문화적 배경

프랑스와 유럽 각국은 18세기에 이르러 루이 14세 때부터 재정난이 심해졌고, 루이 16세의 왕비 마리 앙트와네트에 의해 파탄에 이르게 된다.

소수의 특권층만이 부귀를 누리는 것에 반발한 시민과 농민들은 1789년 '자유와 평등, 박애'라는 기치 아래 대혁명을 일으키게 되었고, 19세기는 근대사회의 발생과 발전기로 정치적으로 민주주의의 기틀이 다져진 시기이다.

산업혁명과 만주주의를 바탕으로 중산층이 증가하고 시민문화가 형성되었으며 자본주의 사회가 형성되었다. 과학기술과 합리적 사고, 생활 수준의 향상은 실용적인 문화를 선호하게 만들었고, 여성들은 자신의 잊혀졌던 권리를 위해 교육과 사회참여의 기회를 찾게 되면서 활동적인 스포츠를 즐기기 시작했으며, 지위 또한 높아졌다.

결과적으로 이 시기에는 유럽이 근대국가로서의 기틀을 잡기 시작하면서 정치와 경제, 문화와 과학 등에서 발전을 이루게 된 시기이다.

The Schimmelpenninck Family

2) 패 션

18세기 말 프랑스혁명을 기점으로 복식에 있어서도 귀족과 시민의 구별이 사라지고, 자유주의 민주주의의 발달은 일반 시민들을 위한 대중 패션으로 변모되면서 기성복이 출현해 대중화되기 시작했다.

19세기는 산업혁명의 완성기로서 궁중패션이 일반 시민 패션으로 전환되었다. 직물의 생산이 기계로 대량화되고 재봉틀의 발명으로 생산과 보급이 더욱 확대되었다. 중세 이후의 복잡한 의복의 장식은 사라지고 단순하고 기능적인 의복이 자리 잡게 되었다.

19세기 전후에는 교통과 통신의 발달로 유럽인들의 자유로운 여행을 통해 의복 또한 국제적으로 유행이 빠르게 보급되고 표준화될 수 있었으며, 과학에 반발하는 고전주의 동경과 자연주의를 찬양하는 낭만주의 풍조가 의복에 나타나기도 하였다.

프랑스혁명 이후 궁정과 귀족사회의 취향인 과장된 실루엣과 화려한 장식에서 벗어나 인간 본래의 자연스런 모습을 이상시하는 고전주의 복식이 나타났는데, 원래 영국에서 등장한 것으로 신체를 억압하는 코르셋으로부터 자유를 원했기 때문이다.

'네오 클라시즘(neo classism)'이라 불리우는 시기로 죠세핀 황후에 의한 흰 모슬린 소재의 하이 웨이스트형의 슈미즈 드레스가 유행하였다.

투명한 직물에 가늘고 몸에 꽉 끼는 실루엣 형태인 엠파이어 스타일 여자 가운은 고대 그리스와 로마 복식과 유사한 실루엣이다. 여성들은 속이 들여다보이는 얇은 머슬린 슈미즈 가운을 입었는데, 1803년 겨울에는 매일 6만 여명의 인플루엔자 환자가 생겨 '머슬린 디지즈(muslin disease)' 환자라고 불렀다. 외출 시에는 슈미즈 가운 위에 숄을 걸쳐 우아한 자태를 보이기도 하였다.

(1) 혁명 시대(1789~1795)

루이 16세 시대보다 단조로운 복장으로 영국과 독일의 의복을 수용하였고 특히 남성 복장이 활동적, 기능적으로 변화하였다. 프랑스혁명군들이 입었던 상의, 조끼, 긴 바지 스타일을 일명, '쌍 퀼로뜨(sang culotte)'라고 불렀고 여성들은 간소한 영국풍의 허리선이 약간 위로 올라간 로브를 입었고, 르뎅고트라는 트레인 없는 코트를 입었으며 면과 리넨 소재의 부드러운 랑제리 가운을 입었는데, 이를 '쉬미즈 아 랑그레즈(chemise a l, anglaise, 잉글리쉬 프록)'라고 불렀다.

The Actor Chenard as a Sans-Culotte

(2) 통령 정부 시대(1795~1799)

고대 그리스와 로마를 동경하는 고전 스타일이 등장하였는데, 여성들은 얇은 소재의 흰색 쉬미즈 가운을 입었고, 스커트는 부드럽게 늘어뜨린 채 트레인을 팔에 걸치고 다리와 무릎이 노출되었다. 당시의 멋쟁이들은 '메르뵈이외즈(merveilleuses)'라고 불렸는데, 목둘레가 낮은 투명 가운을 입고 숄을 걸쳤다.

앵크루이야블(incroyables)과 메르뵈이외즈(merveilleuses)

(3) 집정 시대와 제 1제정 시대(1799~1815)

남성은 조끼와 코트 바지를 입었는데 바지 길이가 차츰 길어졌고, 여성들은 엠파이어 스타일로 불리는 의복을 입었다. 반투명한 쉬미즈 가운을 겨울에도 입었기 때문에 1803년 파리에서는 인플루엔자가 돌아 '머슬린 디지즈(muslin disease)'라고 불렀다.

Teresa Frees

3) 메이크업

1789년 프랑스혁명 이후 창백한 화장이 유행하기 시작하여 볼에 연지를 바르는 화장법은 쇠퇴하였다. 영국에서도 청교도에 의한 시민혁명이 일어나 청교도적인 순박한 생활이 유행하게 되어 화장을 하지 않은 듯 자연스러운 얼굴이 이상시 되었다.

제 1제정 당시의 여성들의 미인상은 품위와 기품 있고 다소 예술적이고 고고한 이미지를 풍기는 창백하고 초췌한 모습이었으므로, 납빛 안색에 볼이 움푹 패인 듯하게 화장하기도 하였다. 마치 빈혈이나 백혈병 환자처럼 보이도록 누렇고 파리한 안색으로 칠하고 밤늦게까지 책을 읽어 눈을 퀭하게 보이도록 일부러 만들기도 하였다.

19세기에 들어서자 프랑스혁명과 자연주의 사상의 대두로 인위적이고 인체에 유해한 화장품의 사용을 억제하고자 하는 분위기가 생겨났으며, 산업혁명으로 인해 화학 분야에서의 급격한 발달로 화장품 제조 기술과 성분이 좋아지게 되었다.

Mme barbier-walbonne

4) 헤어스타일

혁명 초기 남성들의 헤어스타일은 주로 가발(wig)이나 피그테일(pig tail)이었고 약간의 파우더를 뿌렸으나, 이후엔 자연스러운 스타일이 유행하다가 짧아지는 경향이 나타났다.

19세기 초 여성들의 헤어스타일 대부분이 나폴레옹 대관식 이후 엠파이어 스타일로 점차 낮아지고 단순화되었으며, 컬을 부분적으로 늘어뜨리고 뒤쪽으로 높게 올려 빗은 후 리본으로 묶은 그리스 시대 헤어스타일이 유행하였다.

18세기 말 이후 머리를 짧게 자른 티투스(titus) 스타일, 'dog, s ears'라는 양옆으로 늘어뜨린 헤어스타일이 유행하였다. 모자는 보닛(bonnet), 햇(hat), 캡(cap)이 애용되었고 프릴이 달린 수를 놓은 캡을 실내와 야외에서 즐겨 쓰고 야외에서는 밀짚모자가 유행되었다.

가정 내에서는 새틴과 레이스로 만든 캡을 사용하고 새틴과 벨벳, 비단 등으로 만든 앞챙이 돌출한 형태의 보닛을 즐겨 사용하며 터번과 긴 베일을 늘어뜨리기도 하였다.

Mlle Bailly, 1799

〈오늘의 여주인공들〉, 1799

Mlles Mollien, 1811

숙녀의 초상화, Partrait of a Lady, 1806

2 로맨틱 시대(왕정복고 시대)

1) 사회 · 문화적 배경

로맨틱 시대는 부르주아 기반 위에 세워졌던 왕정복고 시대 초기 나폴레옹 정권의 실각기에 해당되는 시대로서, 루이 18세(1814~1824), 샤를르 10세(1824~1830)에서 7월 혁명 이후 루이 필립(1830~1848) 시대까지 이르는 프랑스에서 왕정과 구 귀족의 반대세력이 강하던 시기이다.

귀족들과 성직자들이 계급제도를 재정립하여 특권을 부활시키고 사회를 혁명으로부터 안정화시키고자 하였다. 낭만주의 사상은 인간의 충동에 따른 자연스러운 행동, 자연적인 감정을 강조하였고 현실 도피가 아닌 민중의 마음속에 창조력을 자극하고자 하였다.

고전주의와 달리 낭만주의는 정서, 감정, 전통, 신앙 등을 중시하는 가치관을 지녔고, 시인, 음악가, 미술가들은 새로운 양식을 펼쳤다. 독일의 하이네, 프랑스의 빅토르 위고, 영국의 에드워드 키이츠, 바이런 등이 문학과 사회사상에 영향을 미쳤던 시기이다.

자본주의로 인해 재산을 모은 시민계층은 1820년경부터 정치적 관심보다는 음악, 미술, 문학에 더 관심을 두게 되어 낭만적인 분위기에 젖어 들게 되었으며, 베토벤과 슈베르트와 같은 낭만주의 음악도 탄생하였다.

2) 패 션

16세기 르네상스 시대로의 복귀와 같이 화려하고 부풀림이 많은 소매, 환상적이고 과장된 칼라 등이 재등장하였다. 낭만주의적 영향으로 여성의 드레스 실루엣은 'X자형' 실루엣으로 소매와 스커트를 과도하게 부풀리고 허리를 졸라매는 16세기의 르네상스 스타일과 유사한 '신 르네상스(neo-renaissance)' 스타일이라고 불렀다. 1825년 혁명으로 귀족풍이 재등장해 여인의 연약한 표정과 크게 부풀려 과장한 의복을 선호하게 되었으며, 가느다란 허리를 강조하기 위해 스커트 폭을 다시 부풀렸다. 왕정복고로 귀족풍 문화가 부활하였고 여성 복식은 허리선이 점차 다시 내려오기 시작하였으며, 허리를 가늘게 조인 후 어깨와 소매는 과도하게 부풀려 넓어 보이게 하였다. 스커트 형태는 종 모양으로 리본, 브레이드, 러플 등으로 화려하게 장식함으로써 귀족적인 우아함과 낭만적인 분위기를 연출하였다. 가느다란 허리와 종모양의 스커트 실루엣이 전체적인 조화를 이루게 하기 위해 어깨와 소매를 부풀렸다. 큰 크기의 여우 털과 친칠라 털로 만든 머프(muff)도 유행하여 드레스 위에 걸치고 담비털과 천으로 만든 토시를 방한용으로 지니고 다니기도 하였다.

주름잡힌 소매가 달린 머슬린 가운, 1829

〈레이스가 달린 졸라매는 코르셋 광고〉, 1840

짧은 퍼프 소매가 달린 이브닝 드레스

로맨틱 스타일의 모닝 드레스와 이브닝 드레스

3) 메이크업

19세기에 들어서 자연주의 사상의 영향을 받아 인위적이고 강한 색조를 사용하는 화장이나 건강에 해로운 화장품의 사용을 기피하는 자연스러운 화장법을 선호하게 되었다. 창백한 얼굴빛에 백납분 사용을 자제하고 색감이 없는 눈 화장, 볼과 입술에 연지 화장을 과도하게 하지 않는 것이 유행하였다.

1866년에 '산화아연'을 제조할 수 있게 됨에 따라 유럽과 미국에서 백납분보다 안전한 새로운 파우더가 보급되었다. 19세기 중반 이후부터는 화학기술의 발달로 화장품 제조술과 성분이 개선되어 의학에 바탕을 둔 보다 과학적이고 합리적인 화장품 제조와 미용 분야가 두각을 나타냈다. 단순히 아름다움이 아닌 위생과 청결을 중시하게 되었고 청결과 보건의 인식으로 비누를 보편적으로 사용하게 되었다. 두꺼운 화장은 연극배우나 일부 화류계 여성들만의 전유물로 여겨져 일반 여성들은 자연스러운 얼굴을 선호하였다. 크림이나 로션 등 품질이 향상된 화장품이 등장하게 되어 일반 여성들에게까지 보급되었다.

Madame Eynard, 1831

Madame Dobree, 1833

Mme de Mirbel, 1831

4) 헤어스타일

기존의 고전적이고 단순한 형태에서 머리 양옆과 뒷부분에 가발을 붙여 크게 묶는 스타일이 등장하였다. 여성들의 헤어스타일은 웨이브 없는 생머리를 가운데 가르마로 한 다음 양 갈래로 빗어 뒷머리로 말아 붙인 형태나 앞이마에 곱슬거리는 컬을 내리는 형태, 컬을 양쪽으로 부풀려 과장되게 장식한 헤어스타일 등이 유행하였다.

특히 이브닝 웨어 차림에는 머리 위에 모발을 빗어 올린 다음 고리처럼 루프(loop) 형태로 여러 개를 만들어 꽃과 보석, 핀, 깃털 등으로 장식한 '아폴로 놋(apollo knot)'이라는 헤어스타일도 유행하였다. 가운데 가르마를 탄 후 양쪽에 소시지 형태의 컬로 귀를 덮어 늘어뜨린 다음 뒤통수에 둥글게 말아 붙인 후 꽃장식으로 장식한 스타일도 유행하였다.

1820년대 이후부터는 모자챙이 넓어지고 비스듬하거나 뒤로 젖혀 쓰는 모자, 넓은 색 리본을 모자에 달아 길게 늘어뜨리거나 꽃과 깃털로 화려한 장식을 한 모자를 즐겨 사용하였는데, 낭만적인 분위기를 만드는데 효과적이었다.

캡은 모닝 웨어나 디너 드레스에 쓰고 수면 시나 목욕 시에도 사용하였다. 가장자리에 레이스 주름 장식을 한 후 턱 밑에서 매어 넓은 리본끈이 자연스레 늘어지게 하였다.

Queen Maria Cristina, 1830

나폴레옹 3세 시기(1870년 경)의 여성 머리 장식

유행, 아침용 정장 드레스, 1830

DEVE´RIA: 새로운 취향 모닝가운, 1830

DEVE´RIA: 이브닝가운, 1830

INGRES: 파라솔을 든 여성, 1823

왕정복고 시기의 여성 머리 장식

3 크리놀린 시대

1) 사회 · 문화적 배경

프랑스 루이 나폴레옹 3세가 황제 즉위한 1848년부터 1870년대까지에 해당되는 시기로, 산업혁명 이후 자본가와 노동자 두 개의 계급으로 양분되어 사회주의 사상의 보급, 부르주아 정권의 정책으로 경제의 부조화가 발생하였고, 물가 상승과 국민들의 생활이 어려워져 폭동이 빈발한 시기를 말한다.

루이 필립왕의 전제정치와 관료의 부패로 2월혁명 발발 이후, 임시공화제 정부가 잠시 수립되었으나, 프랑스 계급은 부르주아와 프롤레타리아, 농민 계급으로 분리되었다. 1848년 12월 루이 나폴레옹이 공화국 대통령으로 선출되어 제 2제정이 태어났으며, 계급 간 불균형이 심화되어 부르주아들은 사치스런 생활을 즐겼다.

산업혁명이 시작된 영국은 무역의 규모가 확대되고 프랑스도 산업혁명으로 인한 기계화로 직물의 대량 생산과 공급이 가능해져 복식문화에 영향을 미쳤다.

2) 패 션

남성 복식의 기본형은 런던에서 생겼으나 프랑스인들에 의해 유행이 확산되었다. 여성 복식은 크리놀린 스타일로 18세기 프랑스 부르봉 왕조의 화려한 양식을 모방하여 신로코코 스타일로도 불렸으며, 리본과 레이스를 다량 사용하였다.

나폴레옹 3세의 부인 유제니 황후(Eugenie, 1862~1920)는 의상제작자 워스(Worth)에 의해 고상하고 우아한 의복 제작을 맡겨 패션 리더로서의 역할을 하게 되었고, 나폴레옹 3세는 로코코 양식을 다시 부활시켜 귀족적 분위기를 유행시켰다.

특히 '크리놀린(Crinoline)'이라는 스커트 버팀대를 반드시 드레스 착용 전에 먼저 입었는데 스커트의 밑단이 10야드까지 나갔다.

크리놀린 아래에는 밝은 색상의 '패티 코트'를 입었는데 드레스를 리본으로 일부 끌어올려 아래 입은 패티 코트를 일부러 노출시켰으며, 겉에 입은 드레스에 달린 레이스 단은 러플, 리본, 자수 장식 등으로 정교하고 여성스럽게 장식하였다.

크리놀린을 입어 넓게 퍼진 스커트 드레스와 부풀린 소매에 사각 형태의 큰 숄을 두르기도 하고, 후드가 달린 망토형 외투도 즐겨 입었다.

1846년 휴(Elias Howe)가 최초로 재봉틀의 특허를 낸 후, 1851년 미국의 싱거(Issac Merrit Singer)에 의해 개량된 재봉틀이 보급되어 복식의 획기적인 발전을 가능케 하였다. 또한 미국의 버터릭(Ebenezer Butterick)에 의해 종이 패턴이 고안되어 의복 구성 기술의 발전이 가능해졌다. 1860년대 이후 크리놀린 스타일이 쇠퇴하는 대신 1869년에는 스커트 옆과 뒤를 부풀리는 버슬 스타일로 변화되었다.

크리놀린 시대의 여성 복식과 헤어스타일

원추형의 크리놀린

3) 메이크업

19세기 중반부터 화학의 발달로 향수가 여성들에게 애용되었고, 두껍고 진한 화장은 연극배우들과 특정 직업여성들에게 한정되었으며, 일반 여성들은 집에 샤워실과 목욕실을 갖추고 위생과 청결을 더 중요시하게 되었다. 1866년에는 산화아연을 만들게 되어 백납분보다 훨씬 안전한 파우더를 제조할 수 있게 되었다.

크리놀린 시대 메이크업

4) 헤어스타일

품위 있고 단정한 형태가 유행하였는데, 가운데 가르마를 타고 양쪽으로 컬을 만들어 빗어 넘기거나 컬 모발을 위로 틀어 올린 스타일 혹은 일부분은 위로 올려 빗은 후 나머지는 어깨 위로 부드럽게 내리는 스타일 등이 같이 유행하였다.

1860년대는 유제니 왕비의 붉은 모발이 유행되어 염색제와 탈색제를 사용하였고, 천으로 만든 두건형 모자를 약간 뒤로 젖혀 쓴 다음 턱 아래에서 리본으로 묶는 바볼레(bavolet)라는 모자도 있었다. 계절과 의복색에 어울리는 비단과 벨벳, 리본, 레이스 소재 등으로 모발 장식을 화려하게 하고, 머리빗과 조화나 생화 등으로 장식하였다.

크리놀린 시대 헤어스타일

4 아르누보 시대(버슬 스타일)

1) 사회 · 문화적 배경

프랑스는 공화제가 확립되면서 산업 진흥과 국외로의 세력 확장 등 정치, 경제, 문화적으로 중심 역할을 했고, 영국은 빅토리아 여왕 시대와 에드워드왕 시대(1901~1910)로 식민지 개척에 앞장서서 해외로 세력을 키우던 시기였다.

1870년대부터 1914년 제 1차 세계대전에 이르기까지 유럽 각국에서는 평화로운 정세가 지속되어 전 세계적으로 부와 향락을 즐기는 시대였다. 프랑스에서는 제 2제정이 붕괴되고 19세기 말부터 제국주의와 자본주의 시대가 도래하는데, 1870년부터 1890년대까지의 '버슬 스타일'과 1890년대부터 1907년경까지의 'S형 실루엣'으로 나뉘어진다.

2) 패 션

버슬 스타일은 자본주의와 함께 생활이 간소하고 실용적인 방향으로 움직이기 시작해 거창하고 과장된 크리놀린 대신에 여성 복식의 관심이 뒷부분으로 이동하였다.

상의는 작고 타이트하게 밀착됨에 반해 스커트의 폭과 끝단이 점차 좁아지고 여성의 엉덩이를 강조하는 관능적인 스타일이 유행하였다. 엉덩이를 과장되게 부풀리는 코르셋이 등장하였는데, 이러한 복식을 '버슬 스타일'이라고 불렀다.

버슬과 치마의 끝부분 트레인은 복잡하고 과장된 러플과 레이스로 장식해 멋을 내고, 1876년경에는 버슬 대신 날씬하고 길쭉한 펜슬 실루엣이 잠깐 등장하다가 다시 버슬로 돌아갔다. 스커트 길이가 길고 트레인이 길게 달렸으며 여러 가지 장식이 활용되었다.

외부 스커트를 끌어 올려 아래에 입은 스커트를 살짝 보이기도 하였고, 1880년대에는 스커트의 엉덩이 부분이 거의 직각이 될 정도로 심하게 돌출하기도 하다가 1890년대에는 거의 사라져 아워 글래스 형태로 자리 잡았다. 1885년 무렵 하이 네크가 유행되어 빳빳한 스탠딩 칼라와 풀을 먹인 리넨 칼라와 커프스가 나타났으며, 길고 헐거운 코트, 긴 원형 형태의 케이프를 둘렀다.

1870년대의 데이 드레스

여름용 데이 드레스

3) 메이크업

1861년 영국의 빅토리아 여왕은 남편과 사별 이후에 화장을 거의 하지 않은 채로 창백한 얼굴을 선보이게 되었는데, 이를 따라 하기 위해 얼굴을 창백하게 표백하였다. 야외에서는 찰필로 눈을 크게 그린 후 화장의 색조는 자연스럽고 가볍게 칠했다. 당시 유럽 여성들은 일부 연극배우나 직업여성들을 제외하고는 거의 볼과 눈, 입술 등에 색조 화장을 하지 않았다. 19세기 말에는 의학과 유기화학이 급격히 발달하게 되었고, 1828년에는 프랑스의 겔랑(Guerlain), 1852년에는 영국의 베샹(Beecham)과 1886년에는 미국의 해리엇 험버트(Harriet Hubbart)가 현대적 의미의 화장품을 제조할 수 있게 되었다.

워터폴 백 실루엣의 이브닝 드레스

4) 헤어스타일

1870년대 이후 여성들은 우아한 헤어스타일을 연출하기 위해 둥글게 말거나 땋은 모발을 높게 올려 얼굴을 갸름하게 보이도록 하였다. 1880년대에는 큰 모자와 화려한 장식을 즐겨 하였고, 1890년대에는 챙이 작은 펠트 모자나 밀짚모자를 약간 앞이마 쪽으로 기울여 쓴 다음 꽃장식이나 리본, 깃털, 레이스 등으로 장식하기도 하였다.

모발 장식이 더욱 정교해져 퐁파두르 형태로 앞에서 뒤로 빗어 넘기거나 이마 위에 작은 컬을 하거나 컬한 모발을 어깨에 늘어뜨리거나 굵게 땋아 '시뇽' 스타일로 하거나 높게 올리는 등 다양한 스타일이 공존하였다. 1872년 마르셀 그라또우(Marcel Grateau)는 '아이론(Iron)'이라 불리는 컬을 만들기 위해 철로 만든 헤어 기구를 발명하였는데, 헤어스타일의 일부 변혁을 일으켰고 1882년 최고의 헤어디자이너가 되었으며, 1889년 프랑스에 미용학교를 세웠다.

아르누보 시대 헤어스타일

5 아르누보 시대(S자형 실루엣)

1) 사회 · 문화적 배경

1890년대 공예의 실용성을 강조한 윌리엄 모리스(William Morris: 1834~1896)에 의한 '아르누보(Art Nouveau)' 예술 양식이 일어났다. 추상적 식물을 모티프로 한 여성의 곡선미와 S 커브를 강조한 시기였으며, 1890~1907년은 복식사적으로는 'S-letter의 시대'라고 할 수 있다. 이 실루엣의 특징은 가슴이 심하게 앞으로 돌출하고 허리는 개미허리처럼 조인 후, 스커트는 엉덩이의 볼륨감을 최대한 강조한 다음 스커트의 폭이 종 형태로 퍼져나가 마루까지 끌리는 형태이다. '레그 오브 머튼 슬리브(leg of motton sleeve)'가 나타나서 어깨를 과장하였으며, 퍼프는 팔꿈치까지 내려오지만 팔꿈치부터 손목까지는 조이는 형태가 특징이다. 산업 발달로 인해 여성들의 사회 진출과 참여가 활발해지고 그에 따라 여성 의상은 활동적이고 실용적인 테일러드 수트가 등장하기도 하였다. 1892년 당시 사교계의 명사였던 뉴욕의 컨데 나스트(Conde Nast)에 의해 패션잡지인 보그(Vogue)지가 월간으로 창간되었다. 프랑스의 경우 공화제가 확립되어 산업 진흥과 국외로의 세력 확장기이고, 영국에서는 빅토리아 여왕과 에드워드 왕 시대(1901~1910)로서 식민지 개척에 앞장서서 해외로 세력 확장을 하였다. 미국은 새로운 강국 중 하나로 부각하였다. 1896년 프랑스의 쿠베르탱(Pierre de Coubertin) 남작의 제창으로 올림픽경기대회가 그리스의 아테네에서 제1회 대회를 개최하였다. 근대올림픽은 고대 그리스 제전경기의 하나인 올림피아 제전에 기원을 두고 있으며, 1894년 국제올림픽위원회(International Olympic Committee, IOC)를 창설하고, 4년마다 정기적으로 개최하는 데 성공하였다.

2) 패 션

1890년부터 1900년경까지 나타난 아워 글래스 스타일과 1900년경부터 1910년경까지 나타난 S 커브 스타일이 해당된다. 1890년대가 되자 버슬의 곡선이 부드럽게 흘러내리는 스커트의 형태로 바뀌면서 날씬한 실루엣이 되었는데, 심한 곡선을 이루는 소매와 가느다란 허리, 플레어로 퍼진 스커트의 아워 글래스 실루엣이 그것이다.

1895년경부터 새로 등장한 코르셋은 복부를 납작하게 누르고 가슴과 엉덩이는 과장되게 앞으로 돌출되게 S자형 스타일로 만들었는데 미국의 '깁슨걸 스타일(Gibson girl style)'이 그 예이다. 하이네크 라인에 양다리 형태의 소매와 퍼프 소매로 어깨를 크게 넓히는 대신 허리는 매우 가늘게 조였으며 스커트는 종 모양이었다. 파스텔 계열 색조가 유행하였고 시폰, 조젯, 오간디 등의 가볍고 부드러운 소재로 옷을 만들었다. 산업혁명 이후 기성복의 발달로 여성들의 사회참여에 어울리는 투피스 형태의 테일러드 수트가 보급되었다. 안에는 스탠딩 칼라의 블라우스에 타이를 매거나 자보(jabot) 장식을 하기도 하였다.

볼레로 재킷은 프린세스 가운이나 블라우스 위에 덧입었고 테니스, 자전거, 골프, 요트 등 스포츠 활동을 위한 활동복을 입기도 하였다. 몸에 꽉 끼는 재킷과 볼레로, 플레어 스커트는 점차 매니시 칼라와 라펠이 달린 넉넉하고 여유 있는 재킷과 스커트로 변화해 가고 소매 형태도 타이트하거나 비숍(bishop) 슬리브 형태로 바뀌었다.

애프터눈 드레스와 머리 장식을 한 여인

깁슨걸 룩 스타일의 수트

아르누보 스타일의 여성 수트

3) 메이크업

다양한 헤어스타일에 비해 화장은 피부 표현 이외에는 볼과 입술에 색조를 거의 넣지 않은 아주 자연스럽게 표현하였다. 19세기 말에 의학과 유기화학이 발달하자 새로운 성분과 화장품 제조술에 관한 연구가 활발해지기 시작하였다.

4) 헤어스타일

1890년대 들어 스커트의 폭이 좁아지고 의복이 단순화되자, 헤어스타일도 단순화되어 레이스나 벨벳 소재로 만든 캡은 사라지고 보닛도 점차 유행에서 사라져갔다. 대신에 밀짚으로 만든 맥고 모자가 유행하였다.

남성들의 헤어스타일은 비교적 현대화되었고 중앙에 가르마를 탄 이전 시대보다 짧아진 단순한 스타일로, 1880년대경에는 단정하게 빗질한 다음에 기름을 바르기도 하였다.

여성들은 초기에는 비교적 큰 헤어스타일을 위해 가발을 사용하다가 1872년경부터는 헤어스타일의 부피가 작아지기 시작했다.

벼슬 실루엣을 가진 머리 장식

CHAPTER 05

현대(20세기)

1. 1900년대
2. 1910년대
3. 1920년대
4. 1930년대
5. 1940년대
6. 1950년대
7. 1960년대
8. 1970년대
9. 1980년대
10. 1990년대

Beauty Culture & Trend

1 1900년대

1) 사회 · 문화적 배경

20세기 초는 19세기 말 이래 서양 강대국들이 산업화 이후 원료 공급과 시장 개척을 위해 밖으로는 식민지 정책을 펼치고, 안으로는 세력 간의 균형을 이루면서 물질적 풍요를 바탕으로 아름다움에 대한 관심이 높아진 시기였다. 20세기 초 서구는 19세기 말의 영향이 그대로 나타나는데 이때 유럽의 선진공업 국가들은 해외 식민지를 개척해 부를 축적하여 제1차 세계대전 전까지 풍요와 성장을 거듭하였다. 영국에서는 1901년 빅토리아 여왕의 서거와 함께 패션과 사교생활을 중요시했던 에드워드 7세(Edward Ⅶ, 재위 1901~1910년)가 즉위하여 '에드워디언(Edwardian) 시대'가 새롭게 시작되었고, 미국에서는 'the good years', 'the age of optimism'라고 하여 모든 면에서 낙관주의와 삶의 즐거움을 풍미하고자 하였다.

20세기는 인류 역사상 과학과 기술이 급속도로 발전하던 시기로 중산계급이 대두되고 자동차와 비행기 그리고 전화와 활동사진 등이 실용화되었다. 또한 예술, 문화, 과학, 패션 등의 분야에서 창의적, 열정적인 기운과 왕성한 변화와 실험을 시도하게 하였다. 신세기의 시작이라는 의미에서 인문학과 과학의 논리가 예술과 디자인 영역에 영향을 주며, 모든 부문이 함께 발전하면서 감각적인 것에서 사색적인 것으로, 형식적인 것에서 기능적인 것으로, 복잡한 것에서 단순한 것으로의 변화를 가져왔다.

예술적으로는 드뷔시(Debussy), 스트라빈스키(Stravinsky) 등의 근대파의 음악과 이사도라 던컨(Isadora Duncan)의 현대발레, 탱고가 나타났다. 이사도라 던컨은 전통적인 인공적 기교의 발레에 저항하여 전통 발레복 대신에 맨발과 맨다리로 그리스의 키톤스타일의 얇은 드레스를 입고 자연스러운 춤을 선보임으로써 유럽에 큰 관심을 일으켰으며, 러시아 발레단 발레루스를 파리에 탄생시키는 계기를 만들었다. 회화에서는 입체파, 인상파, 야수파 등이 대두되었고 19세기 말의 유기적인 곡선미학의 장식 모티브를 풍요롭게 펼쳤던 아르누보는 20세기 초에는 자연적이면서도 추상적인 양면성의 조형성을 바탕으로 주얼리, 건축 등에 이르기까지 다양하게 적용되었다. 화장품 제조산업은 1901년 마사지 크림을 생산하게 되고 샴푸와 매니큐어 제품은 대량 생산체제로 발전하였다. 1908년과 1909년에는 엘리자베스 아덴(Elizabeth Arden)과 헤레나 루빈스타인(Helena Rubinstein)이 미용실을 개설하고 미용제품을 출시하기 시작하였다. 신세기의 시작이라는 의미에서 새로움의 가치 추구가 높아졌으며 차츰 감각적인 것에서 사색적인 것으로, 형식적인 것에서 기능적인 것으로, 복잡한 것에서 단순한 것으로의 변화를 가져왔다.

Edward Ⅶ 황제

Isadora Duncan

Elizabeth Arden과 제품 포스터

Helena Rubinstein과 파우더 제품

1909년 Vogue

2) 패 션

1900년대는 20세기 초 자본주의의 발전에 의해 패션의 변화가 빨라지고 패션디자이너들이 상업화된 시스템에서 의복을 생산하며 활동하기 시작하였다. 1900년대 초의 패션은 실용적인 부분보다는 여전히 부와 신분을 과시하기 위해 세기말부터 유행했던 아르누보풍의 화려하게 장식된 'S-letter style'이 유행하였다. 이것은 여성의 곡선이 지나치게 강조되어 허리는 가늘게 하며 엉덩이는 매우 둥글고 굽어지게 나타내 S자형 실루엣을 이루게 했다. 외출 시에는 장갑을 이용했고 얼굴을 가리는 베일이 달린 모자도 함께 착용되었다. 1907년부터는 조금씩 변화가 보이기 시작했는데, 프랑스 파리의 디자이너 '폴 프와레(Paul Poiret, 1880~1944)'는 오랫동안 입어 왔던 여성의 코르셋을 없애고 속옷의 수를 감소시켰으며, 느슨한 가운 스타일을 착용시켜서 신체를 자유롭게 해줌으로써 현대패션사에 새로운 전환점을 가져다주었다. 그의 디자인은 아르누보 양식에서 벗어나 단순하고 직선적인 기모노 슬리브(kimono sleeve), 하이 웨이스트라인, 대칭적이며 리듬감을 표현하였다. 동양적인 터번과 깃털 장식, 비즈(beads)와 금사의 자수를 활용하기도 하였다. 1900년대 후반으로 들어서면서 실루엣은 S-실루엣에서 T자형으로 변화되고 모자는 더 크며 화려해졌다.

그러나 여전히 전통과 절제를 중시하고 엄격한 규율을 준수한 남성복은 큰 변화가 없었다. 남성들은 모닝코트(morning coat)의 정장을 주로 입었는데, 베스트(vest)와 재킷, 바지로 이루어져 있으며, 셔츠와 넥타이를 하였다. 제 1차 세계대전 후 모닝코트는 상류층이나 결혼식의 예복으로 입었다. 정장 차림에는 톱 햇(top hat)을 착용하였다.

재킷은 싱글 브레스트, 더블 브레스트 두 종류를 입었으며, 20세기 초반에는 재킷 길이가 길고, 라펠(lapel)이 작고, 단추를 목 가까이에서부터 달아 배럴 실루엣(barrel silhouette)이었지만, 전쟁 기간 동안에는 길이가 짧아지고, 어깨선은 보다 자연스러워졌다. 남성도 편안하고 격식을 차리지 않는 경우에는 캐주얼 복장을 입었는데, 볼러(bowler)나 홈버그(homburg)라는 모자를 썼다

Paul Poiret

1900년대 복식

3) 메이크업

화장품의 대량생산이 합법화되면서 기초화장품의 소비가 촉진되었고, 여성 전용 화장품을 만드는 기술이 발전하게 되었다. 1901년 마사지 크림이 생산되었고 이후 샴푸와 매니큐어 제품이 본격적인 대량생산 체제가 시작되었다. 여성들은 청결하고 건강한 아름다움을 이상적이라 여기게 되었고 화려하게 치장하기보다는 리퀴드 크림과 화이트 라이스 파우더(white rice power)를 사용하여 깨끗한 피부 위에 자연스러운 메이크업이 19세기 말에 이어 계속 유행되었다. 주로 피부를 희고 깨끗하게 가꾸기 위해서 기초화장품인 로션과 크림 종류가 애용되었다. 1900년대 초기 눈썹은 약간 손질하고 연필로 눈썹을 진하게 하여 눈의 윤곽이 잘 드러나 보이도록 눈썹의 형태를 다듬어 주었다. 또한 이 시기에는 연극이나 무성영화의 등장에 따른 영화에 나오는 여배우들의 패션과 메이크업에 많은 관심을 많이 갖게 되었다. 루즈, 마스카라 아이라이너 등을 사용하여 메이크업을 따라 하면서 유행이 광범위하게 전파되기 시작하였다. 1909년 러시아 발레단의 동양적인 색채가 가미된 의상과 무대는 서양인들의 감각에도 커다란 영향을 미쳐 오리엔탈 붐을 일으키게 되었다. 동양적인 색조의 영향으로 화장의 색조도 강해져서 눈은 동양인처럼 검고 길어 보이도록 아이라인을 하고, 아이섀도는 황색, 입술화장은 분홍색이나 붉은색 등 강한 색채들이 유행하기도 하였다. 이는 일반적 유행이라기보다는 일부 선도적인 여성들에 의해 시도되었다.

Lina Cavallieri, 1908

4) 헤어스타일

1990년대 초에는 '퐁파두르 스타일'이 유행하였다. 18세기와는 다르게 느슨한 형태를 선호하였고 다양한 변형이 나타났다. 앞머리는 이마 위로 빗어 올리고 기다랗고 우아하게 올리는 형태로 가끔은 인공 패드를 머리 안에 집어넣어 부풀리는 효과를 주었으며, 뒷머리는 묶어 틀어 올린 시뇽 스타일이 유행하였다. 이 부풀린 머리 위에 모자를 쓰거나 작은 리본이나 생화를 머리에 꽂아주기도 하였다. 머리를 우아하게 부풀리기 위해서 여러 개의 가발을 헤어 피스(hair piece)로 덧붙여서 핀으로 올리고 위쪽에 고정하는 형태로 게인즈버러(gainsborough) 스타일이 유행하였다. 1907년 헤어 디자이너 마셀(Marcel)은 마셀 웨이브(Marcel wave)를 개발하여 머리 부분을 싸고 열을 가하여 파도 모양의 웨이브를 만들었는데, 이것이 퍼머넌트의 시초가 되었다. 또한 합성 헤어 색상제가 개발되어 일부 여성들에게는 앞머리를 적갈색으로 물들이는 것도 유행하였다. 퍼머넌트 웨이브(permanant wave)는 독일인 칼 네슬러(Karl Nessler)가 1905년경에 런던에서 발표했고, 머리의 볼륨감을 높이고 웨이브 손질의 시간과 비용을 절약해주는 획기적인 기술로 받아들여졌다. 이후 미국에서 1915년경부터 실용화되기 시작하였다. 여성들은 주로 컬링 아이론, 퍼머넌트, 가발을 땋아서 만든 머리, 가발로 만들어진 패드 등을 활용하여 밝고 자연스러운 웨이브를 만들어서 옆이나 위로 느슨하게 고정하는 스타일을 선호하였다. 일러스트레이터 찰스 다나 깁슨(Charles Danna Gibson)은 그 시기의 뷰티아이콘처럼 깁슨걸(the Gibson girl)을 뷰티 일러스트 형식으로 그려서 1890년부터 1910년 사이에 콜리어스(colliers) 잡지에 실었다. 깁슨걸은 가벼운 웨이브 헤어를 자연스럽게 올림 머리한 아름답고 스타일리시한 젊은 여성을 주제로 하였다. 모자는 19세기 말 이후 크라운이 낮아지기 시작하였으며 그 모양와 크기는 다양해졌다. 초기에는 타조털을 많이 장식한 메리 위도우(Merry widow)라는 벨벳으로 만든 모자와 버섯 모양으로 큰 모자가 유행하였다. 1908년 밀짚이나 새틴, 레이스 등으로 만든 모자는 길고 뾰족한 모자핀이 사용되었으며, 점점 크기가 커져 어깨 넓이보다도 넓어졌다.

1900년대 헤어스타일

깁슨걸의 헤어일러스트

2 1910년대

1) 사회 · 문화적 배경

1910년대는 20세기 사회에 가장 큰 변화를 몰고 온 1914년 제 1차 세계대전이 있었으며, 러시아의 레닌(Lenin)에 의해 볼셰비키혁명 일어났고 유럽에 공산주의가 확산되었다. 미국에서는 윌슨 대통령이 민주주의 수호와 민족 자결주의를 주장하며 세계의 주역이 되었다. 새로운 이데올로기의 배경 아래서 과학기술의 발전과 산업화는 급속도로 이루어지고 있었으며, 포드 자동차의 컨베이어 시스템 도입을 통한 대량생산 등 많은 변화가 이루어졌다.

제 1차 세계대전 후 일하는 여성들의 수가 늘어나면서 여권 신장의 목소리가 높아지기 시작했고 여성들도 활동적인 스포츠에 참가하기 시작했다. 자유로운 패션의 시도와 함께 여성해방운동도 활발히 진행되었다.

1912년 이후 영화산업이 발달하기 시작했으며 본격적으로 등장한 무성영화로 메이크업이나 헤어, 패션 등의 유행에 관심을 보이기 시작했다. 이 시기에는 매체를 통한 뉴스 전달이 일반화되었고, 공업의 발달로 섬유 염색기술도 다양해졌다.

1919년 독일 바이마르에서 건축가 그로피우스(Gropius)에 의해서 산업화와 기계화에 적응하는 건축 디자인 개념을 바탕으로 기능적이고 단순한 조형예술의 토대를 이룬 바우하우스(Bauhaus) 조형학교가 설립되었다.

독일의 바우하우스(Bauhaus)

2) 패 션

1900년대 후반부터 시작된 디자이너 '폴 프와레'의 영향으로 계속하여 활동적이고 실용적인 것이 일반화되고 코르셋이 없어졌으며, 의상 색상으로 검정색이나 갈색, 회색 등을 사용하였다. 폴 프와레가 만든 호블 스커트(hobble skirt)는 코르셋을 착용하지 않아 여유는 있었지만 무릎에서 발목까지 매우 좁아 걷는데 불편함을 주기도 했다. 후반으로 갈수록 치마 길이는 짧아지고 노출이 심한 수영복까지 등장하게 되었다. S-커브의 아르누보 여성미에서 기능적인 모더니즘으로 이행하였으며, 자동차 여행 옷과 베럴 실루엣 코트가 유행하였으나 기능적인 복장이 되지는 못했다. 1910년대 '코코 샤넬(Coco Chanel)'은 프랑스 패션계의 새로운 경향을 주도하였다. 샤넬의 스타일은 남성복 스타일의 셔츠 모양을 본 딴 목이 트인 평범한 셔츠나 베레모 등 다소 심플한 스타일로 이루어졌다. 이후 남성의 테일러드 재킷(tailored jacket)과 셔츠, 웨이스트 블라우스(shirts waist blouse)를 착용하였고, 스커트 길이는 짧아졌으며 고어드 스커트(gored skirt)를 주로 입었다. 기능적이고 활동적인 바지를 착용하기도 하였는데, 일상복보다는 스포츠 웨어로 입었다.

1914년 제 1차 세계대전 기간 중 토머스 버버리(Thomas Burberry)는 영국 육군성의 승인을 받고 코튼 개버딘(cotton gabardine) 소재를 활용하여 레인코트용으로 '트렌치 코트(trench coat)'를 개발하였으며 일명 '버버리 코트(burberry coat)'라고 불리웠다. 트렌치는 '참호(塹壕)'라는 뜻으로 혹독한 겨울 날씨의 참호 속에서 추위를 지켜주는 의미가 있다. 그 후 영국 육군 장교들의 유니폼이 되었고 전쟁이 끝난 후에는 클래식한 패션 아이템으로 발전하였다.

또한 1914년 자코모 발라(Giacomo Balla)를 중심으로 한 미래주의 화가들은 남성복, 여성복, 모자, 크라바트 등에 대한 선언문을 작성하였다. 이들은 유럽의 대도시를 무대로 복식 전반에 걸친 디자인을 직접 제작하였다. 이전의 남성복의 엄격함에서 벗어나 기하학적 패턴, 비대칭 구성, 화려한 색채, 다이내믹한 직물 등으로 창의적인 디자인을 시도하였다. 미래주의 패션은 그 시기의 대중들에게는 호응을 얻지 못하였으나 패션디자인의 새로운 접근 방법과 미래지향적인 시각을 넓혀 주었다는데 의의가 있다.

웨이스트 블라우스와 고어드 스커트(gored skirt)

Coco Chanel

Vogue, 1916년과 1918년

트렌치 코트(trench coat)

3) 메이크업

1914년 제 1차 세계대전은 화장품 산업 분야에 많은 변화를 가져다 주었다. 화장품 산업이 군수산업에 참여하게 되어 화장품의 대량생산이 합법화되었다. 1915년 미국에서 철제 금속케이스에 내장된 립스틱과 아이브로우 펜슬을 제작하여 판매하기 시작하였고, 1916년에는 산화티타늄이 발견되어 페이스파우더의 품질이 개선되었다.

이 시기에는 깨끗한 피부 표현을 선호하여 희고 투명한 피부를 위한 크림과 로션이 개발되었으며, 1919년 독일에서는 니베아 크림이 발명되었다. 일반 여성의 경우 자연스런 피부색에 파우더를 바르고 눈썹을 다듬는 정도의 옅은 화장 및 피부 기초화장을 선호했으며, 진한 색조 화장은 꺼려했다. 그러나 일부에서는 밝은 입술에 진한 눈 화장을 하고 오리엔탈풍의 아이섀도를 사용했으며, 아이라인은 옆으로 길게 빼내어 그렸다.

1910년대에는 영화나 쇼에 나오는 대중 스타들이 인기를 얻었고, 그들의 메이크업과 의상은 일반인들에 의해 화제가 되고 모방되기 시작하였다. 특히 영화 '뱀프(Vamp)'에서 요염한 역할을 한 '테다 바라(Theda Bara)'의 메이크업은 큰 화제가 되었다. 검은 펜슬로 눈썹을 가는 일자형으로 그리고, 눈 주위에는 강한 음영을 표현하고 마스카라를 발라 눈매를 더욱 신비롭고 그윽하게 표현하여 관능적인 매력을 나타내었다. 이때부터 미용 클리닉과 미용을 위한 성형술이 성행하였으며, 일부 과감한 패션 리더들은 주름 제거 등 미용을 위한 성형수술을 받기도 하였다.

제 1차 세계대전이 일어난 1914년 이후 여성들의 사회활동과 여성해방 운동이 가속화되었으며, 화장 또한 널리 보급되게 되었다. 영화배우들은 대중들의 우상이었으며 대중들은 이들을 모방하였다. 또한 분첩, 작은 거울이 달린 압축 파우더, 팬케이크 및 막대기 모양의 마사지 크림, 샴푸, 매니큐어, 다양한 색상의 블러셔 등의 화장품이 생산되었다.

Theda Bara

Mary Pickford

니베아 크림

4) 헤어스타일

제 1차 세계대전이라는 시대적 배경 속에서 많은 여성들이 남성을 대신해서 군수품 공장과 여러 산업 분야에서 일을 하게 되었다. 과학기술의 급격한 발달로 기능주의가 대두되었으며, 직업을 가진 여성의 수가 늘어남에 따라 단순함과 기능성을 추구하게 되었다. 머리 형태는 단순하고 손질하기 쉬운 합리적인 것으로 발전하게 되었으며, 대표적으로 짧은 단발머리인 보브 스타일(bob style)이 유행하였다. 이것은 1914년에 탱고 댄서로 유명했던 '아이렌 캐슬(Irene Castle)'이 보브 스타일을 하고 춤을 추게 되면서부터였다.

1918년 영국에서 집을 소유한 30세 이상의 기혼 여성에게 투표권이 부여되었고, 남녀평등과 여성해방운동의 사회적인 상황과 흐름은 보브 스타일을 더욱 유행시켰다.

짧은 머리 형태는 많은 남성들의 반대와 논쟁에도 불구하고 더 많은 여성들이 선호하게 되었으며, 1919년경에는 단발머리, 선명한 메이크업, 짧은 슈미즈 드레스를 입고 담배를 피우는 젊은 여성들의 모습을 길거리에서 볼 수 있었다. 이 당시 유행했던 모자는 창이 넓고 깃털 장식을 한 커다란 모자나 크라운이 높고 창이 좁은 모자 등이 있었다.

Irene Castle

3 1920년대

1) 사회 · 문화적 배경

1920년대 초의 서구는 제 1차 세계대전 이후 여전히 회복기에 있었으며, 여성들은 직업 진출의 기회가 넓어지고 사회적 지위가 향상되었다. 전쟁 이후 유럽은 쇠퇴하고 군수품산업으로 부를 축적한 미국이 강대국으로 부상하였었다. 미국을 중심으로 전쟁 동안 억눌렸던 모든 문화와 예술이 활기를 찾기 시작하면서 젊고 신선한 분위기가 되었다.

속박에서의 해방감으로부터 나타난 새로운 것에 대한 강조와 과시가 두드러지게 나타난 시기로서 빠른 템포의 탱고와 재즈가 유행하였으며, '분별없는 20년대' 혹은 '광란의 20년대'로 지칭하기도 하였다. 또한 여성참정권의 보장과 함께 남녀평등사상을 주장하며 여성해방을 실천하였고 성 개방 풍조에 의한 자유연애를 공공연히 추구하였다. 이러한 경향은 예술 전반 및 메이크업과 패션에 영향을 미쳤다.

민속풍의 아르누보풍이 제 1차 세계대전 이전의 양상이었다면 1920년경부터 유연하면서 유동적인 기능이 높은 것을 동양적인 신비로운 색과 문양을 가미한 이국풍의 직선적이고 기학하적인 문양이 특징인 아르데코(art deco)풍이 대유행하였다. 아르데코란 큐비즘 예술활동에서 영향을 받은 디자인 운동을 뜻하며, 1925년 파리에서 개최된 국제 장식 미술전(L'Exposition Internationale des Arts Dé coratif)이 시작된 해부터 1930년 초까지 성행했다.

1921년에는 미국에서 최초로 미스아메리카 대회를 개최하였고, 1923년에는 존 로버트 파워스(John Roberts Powers)가 패션모델대회를 공식화하여 미인대회와 모델 선발대회를 주도하였다. 이 시기에 벨의 전화, 에디슨의 전구, 포드의 자동차가 대중화되었으며 1927년 할리우드에서는 유성영화를 제작하게 되어 새로운 컬러시대를 열었고, 미국인들의 생활문화가 영화를 통해 전 세계로 파급되었다. 그러나 1929년 미국의 주식시세는 폭락했으며, 주식 시장이 붕괴됐다. 국가의 총생산 능력과 소비 능력 사이에 발생한 거대한 간극으로 경제적 파산에 이르게 되었다.

아르데코풍의 스테인드 글라스

〈라 살르 공작 부인의 초상〉,
타마라 드 렘피카(Tamara de Lempicka), 1925

2) 패 션

1920년대는 여성들의 지위가 향상되었고 경제적으로 독립하면서 자유로운 생활을 영위할 수 있게 됨으로써 말괄량이라는 뜻의 '플래퍼(flapper)'라는 젊은 여성의 대명사가 생겨났는데, 이는 '가르손느(garconne)'라는 남성 같은 여자라는 뜻의 명칭으로 불리기도 했다. 이들은 자유연애를 즐기고 개성적이며 활동적인 것을 추구하여 담갈색 점퍼와 플리츠 스커트 검정색 대신 살색 스타킹과 가죽끈이 달린 구두를 신는 소년 같은 스타일의 복장을 하였다. 또한 활동하기 편한 짧은 스커트와 와이드 레그 팬츠(wide-legged pants)가 유행하였다.

미국의 루이스 브룩스(Louise Brooks)는 무성영화 시대의 영화배우이자 댄서로서 발랄함과 섹시함을 겸비한 최고의 모던걸로 활동하였으며, 플래퍼 패션 스타일과 보브 헤어스타일이 트레이드 마크였다. 1921년에는 프랑스판 보그지가 성공적으로 발매되어 다양한 뷰티와 패션스타일을 제시해 주었다. 1920년대 후반에는 가슴과 허리의 곡선이 되살아나면서 허리선도 자연스러운 위치로 돌아갔다. 이때에도 샤넬(Coco Chanel)은 깨끗한 라인과 스포티한 라인을 활용하여 시대를 초월하는 클래식 스타일을 만들어 내었다. 대표적인 것이 스웨터, 세일러룩, 편안한 저지 그리고 혁명적인 트위드 슈트(tweed suit)를 들 수 있다. 샤넬은 경제 발전과 복식을 연결시킨 앞서가는 디자이너이자 패션을 리드한 예술가라고 할 수 있다.

Louise Brooks

3) 메이크업

1920년대에는 모든 여성들이 화장하는 것을 당연시 여기게 되었다. 피부 표현보다는 얼굴의 이목구비를 중심으로 하는 화장이 유행하여 더 많은 종류의 화장품을 사용하게 되었다. 대중문화가 급속히 보급되면서 할리우드 영화배우들의 메이크업 스타일은 일반인들에게 절대적인 영향을 주었다. 여배우 '클라라 보우(Clara Bow)'는 자유분방한 젊은 여성으로 동경의 대상이 되었고 인위적인 느낌의 메이크업이 유행하였다. 피부를 창백하게 표현하고, 눈썹을 뽑고 검정색 아이펜슬로 가늘고 길게 진한 아치형으로 그렸다. 특히 눈머리 부분과 눈 아래쪽을 검게 칠하고 눈썹 뼈 부분은 하이라이트 아이섀도로 강조하였다. 아이홀을 입체적으로 표현하였으며, 아이라인을 길게 빼서 눈을 섹시하게 표현했으며 속눈썹을 붙였다. 입술은 선명한 붉은색으로 실제보다 작게 그리거나 큐피드의 활 모양처럼 그려주는 것이 유행하였다.

Slange David, 1929

볼은 갈색이나 붉은색으로 둥글게 뺨 부분을 강조하여 입체감과 홍조를 표현하였다. 이 당시는 여성해방에 대한 욕구가 커진 시기로, 고가의 화장품 외에 대중적인 제품이 많이 보급된 시기이다. 돌려서 올리는 립스틱과 속눈썹 컬러(curler)가 시중에 나와 대중화되었다. 엘리자베스 아덴과 헬레나 루빈스타인은 방수(water proof) 마스카라를 개발하여 각광을 받았다. 1925년에는 네일 에나멜 산업이 본격화되었으며, 1927년에는 코티파우더와 샤넬 No.5 향수가 개발되었다. 1928년에는 클렌징 티슈인 크리넥스가 출시되었다.

Anna Pavlova, 1920

샤넬 No.5

4) 헤어스타일

1910년대부터 유행하던 짧은 단발머리 형태의 보브 스타일은 1920년대 중반부터는 소년 같은 여성 이미지의 획기적인 아주 짧고 층이 나 있는 쇼트 커트형의 보브 스타일이 유행하였다. 이 헤어스타일은 처음에는 싱글(shingle)이라고 불리다가 미국에서는 '보이시 보브(boish bob)', 영국에서는 '이튼 크롭(eton crop)'이라고 명명되었다. 이 쇼트 커트 형태의 헤어스타일은 단순하고 기능적인 재즈댄스의 유행도 영향이 있었으며, 유니섹스 스타일로 남녀평등의 의지를 표시하는 의미도 있었다. 또한 앞머리를 웨이브로 하거나 밴드로 장식하는 것이 유행하였다. 이때는 마셀 웨이브가 일반적으로 사용되어 짧은 머리를 곱슬거리게 하는 컬을 했으며, 퍼머넌트 웨이브도 이 시대에 완성되었다. 이런 머리 형태가 유행됨으로써 작은 핀을 제외한 다른 장식은 거의 사라지게 되었다. 또한 1920년대 중반과 후반에는 검정색 펠트로 만들어져 눈썹과 목덜미까지 내려오는 깊은 관으로 된 '크로쉐(cloche)'라는 종 모양의 푹 눌러쓰는 모자가 많이 착용되었다.

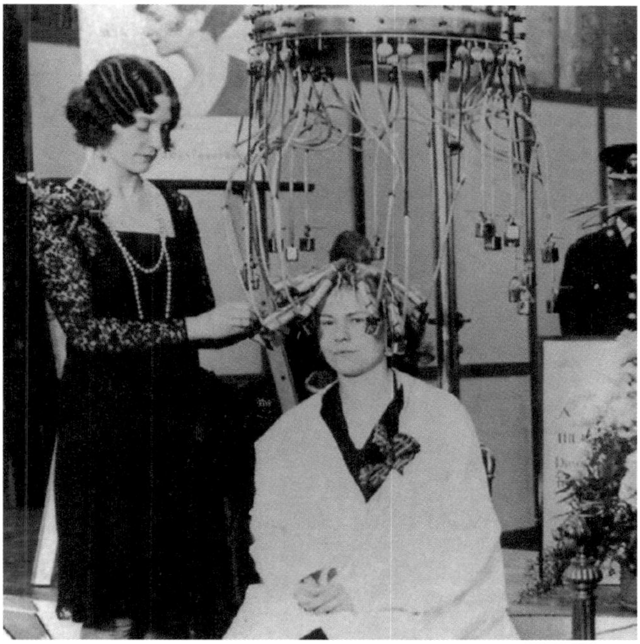

헤어샵, 1929

보브 스타일

4 1930년대

1) 사회 · 문화적 배경

1929년에 있었던 뉴욕 주식시장의 대폭락으로 세계적인 경제 대공황으로 인하여 유럽 자본주의 국가, 동구와 아시아 등 전 세계적으로 실업과 인플레가 파급되는 등 영향을 미쳤다. 이후 1930년대 경기침체에서 벗어나려 할 때 히틀러는 오스트리아, 체코슬로바키아, 폴란드를 침공하여 세계대전의 임박을 초래하고 있었다. 경제 불황의 여파로 패션의 중심지였던 파리의 의류업체는 미국의 관세벽에 부딪혀 수출이 격감하였다.

경제적 침체 속에서도 미국에서는 할리우드 영화산업의 부흥으로 화장품산업의 진보는 계속 이루어졌으며 파우더, 팬케이크, 루즈, 아이섀도, 펜슬, 크림류 더욱 새롭게 개발되면서 급속히 성장하였다. 어두운 사회상의 반작용으로 영화에 나오는 화려한 여배우들의 미용과 패션에 관한 관심은 계속되었다. 장식 예술적으로는 아르데코풍이 유행하고 있었고 초현실주의와 모더니즘 예술이 부각되었다.

미술 분야의 초현실주의 경향은 인간 내부에 잠재되어 있는 무의식을 표출시켜 고정관념에서 벗어나 자유롭게 연상하는 개념으로 패션에 많은 영향을 주었다. 대표적인 화가인 살바도르 달리(Salvador Dali)는 디자이너 엘자 스키아파렐리(Elsa Schiaparelli)와 공동작업을 하면서 패션에 예술적인 영감을 제공하였다. 또한 1936년 1월 영국의 BBC, 1939년 4월 미국의 NBC가 각각 정규방송을 시작함으로써 인류는 영상 시대로 본격적으로 들어서게 되었다. 한편 유럽에서는 1939년 제 2차 세계대전이 발발하여 새로운 국면에 접어들었다.

Êtes-vous pour, ou contre
le "second métier" de l'écrivain
Colette
6, rue de
Miromesnil

파리의 뷰티 살롱

2) 패 션

세계 경제 공황으로 영향으로 여성들이 직장에서 물러나 가정으로 돌아오면서 1929년부터는 보이시 스타일이 퇴보하였으며, 1930년대에는 성숙하고 세련된 여성의 이미지가 이상적으로 등장하기 시작했다. 1929년 마들렌 비오네(Madelene Vionnet)는 바이어스 재단을 개발하여 스커트형의 이브닝 드레스로 여성의 부드러운 실루엣을 되살려놓았다. 바이어스 재단은 직물의 직조 방향과 어긋나게 대각선으로 직조하는 방법으로 신체가 앞뒤 ,양옆으로 나뉘는 것이 아니라 둥글게 돌아가는 형태로 솔기나 트임 없이도 머리부터 옷을 입을 수 있고 인체의 곡선을 흐르는 듯 감싸는 실루엣을 만들 수 있다. 이 드레스는 부드러운 유선형 라인에 등 부분을 V자형으로 파서 맨살을 노출하였으며, 이브닝 드레스 허리선은 제위치로 돌아오고 스커트의 길이가 길어지기 시작했다.

1930년경 대부븐의 여성복 디자이너들은 여성의 부드러운 곡선과 입체감을 표현하는데 주력했으며, 허리 벨트로 허리를 강조했다. 야외복에서는 여전히 삼각모, 베레모, 필박스 등의 모자를 착용하였다. 길어지기 시작한 스커트는 종아리까지 내려와 1938년까지 여성의 신체 곡선을 우아하게 되살린 화려한 색채의 롱스커트 시대가 유행하였다. 전체적으로 길고 가는 여성적 실루엣이 되었으며, 여성의 미를 강조하기 위해 가슴이 강조되었고, 속옷도 '올인원', '투웨이 스트래치'가 개발되었다.

1930년대 대표적 디자이너인 '엘자 스키아파렐리'는 스커트의 길이가 종아리까지 오고 허리선은 몸에 꼭 맞으면서 어깨를 강조하여 넓고 사각으로 각진 실루엣을 발표하였다. 초현실주의적인 이미지를 수용하여 화려한 색상을 사용하였고 재단보다는 우아하고 독창적인 표면장식에 주안점을 두었으며, 최초로 테마가 있는 컬렉션을 발표하였다. 1937년에는 테일러드 수트가 현대화되어 정장의 역할을 하게 되었는데 스커트와 블라우스를 입고 재킷을 입었다.

마들렌 비오네(Madelene Vionnet)

비오네의 바이어스 재단 드레스

3) 메이크업

1930년대는 1929년의 경제 불황과 1939년의 제 2차 세계대전으로 인해 이상향으로 도피하고자 하는 심리로, 성숙하고 세련되며 강하면서도 신비로운 분위기를 표현하여 조화와 균형미를 연출하는 메이크업이 유행하게 되었다. 그 어떤 시기보다 할리우드 영화에 등장하는 여배우들이 아름다움의 기준으로 일반인들에게 숭배를 받았으며 메이크업의 경향을 주도하였다.

대표적인 스타로는 '그레타 가르보(Greta Garbo)', '마릴린 디히트리(Marlene Dietrich)', '진 할로우(Jean Harlow)', '존 크래포드(Joan Crawford)' 등이 있다. 특히 그레타 가르보의 푹 들어간 눈과 가는 둥근형의 눈썹과 돌출된 광대뼈로 인해 생기는 음영의 모습은 관능적이고 신비로운 이미지로 시대적으로 불안했던 이 시기에 주목을 받았다. 진 할로우는 가는 곡선의 눈썹과 큐피드 활 모양의 입술은 대유행을 일으켰다. 마릴린 디히트리는 눈썹을 많이 뽑아 더욱 가늘고 정교하게 다듬었으며, 1930년대 중반부터는 이목구비를 점점 더 크게 강조하였다.

이 시대에는 경제공황으로 인한 생활고로 색조 화장은 절제되었고 자연스런 화장법이 유행하였다. 한편 상류층에서는 햇빛에 그을린 선탠(sun tan) 피부에 대한 호감도 나타났다. 크림 타입의 화장품과 파우더가 일반화된 시기이며, 영화가 보급됨에 따라 일반인들은 배우를 모방하며, 우울한 경제 상황에서 위안을 삼았다. 피부 표현은 보완력이 있는 파운데이션으로 밝고 화사하게 표현하였다. 눈썹은 원래의 눈썹을 뽑고 가늘게 다듬고 활 모양의 짙고 가느다란 눈썹을 둥근형으로 그렸으며, 입술을 작은 큐피드 활 모양이나 장미 봉우리 형태로 붉게 크고 선명하게 그렸다. 붉은색으로 볼 화장을 강조하였으며 약간의 아이섀도를 부분적으로 사용하였고, 검정이나 진한 갈색 아이라인으로 눈을 선명하게 표현하였다. 또한 검정과 푸른색의 마스카라로 눈매를 더욱 깊이 있게 표현하여 신비로운 분위기를 연출하였다.

1938년 엘리자베스 아덴은 전 세계에 29개의 살롱을 개점시켰으며, 맥스 맥터(Max Factor)는 수용성 케이크 파운데이션(cake foundation)인 맥스 팩터 팬케이크를 출시하여 여배우들의 무대나 TV 메이크업 시에 널리 사용되었다.

Jean Harlow

Marlene Dietrich

팬 케이크(Max Factor)

Max Factor

4) 헤어스타일

1930년대 경제공황의 영향으로 보이시 스타일은 사라지고 로맨틱한 패션 경향과 머리 형태는 부드러운 열을 이용해서 웨이브를 만드는 '퍼머넌트 웨이브 스타일'과 아이론을 이용한 세련되고 우아한 스타일의 성숙한 여성 이미지가 유행하였다.

앞가르마를 한 어깨까지 내려오는 단발로 완만한 웨이브를 귀 안쪽으로 굽어지게 한 '그레타 가르보(Greta Garbo)'가 영화 〈안나 크리스티〉에서 보여준 스타일이 페이지 보이 보브(page boy bob)라고 불리었으며 1930년대 중반까지 유행하였다. 이후에는 가르마를 한복판이나 옆으로 하고 어깨 길이의 웨이브나 컬을 만들거나 머리카락의 앞과 옆에 핀을 꽂고 완만한 웨이브를 귀 안쪽으로 굽어지게 하고, 뒤쪽으로는 자연스럽게 늘어뜨리는 롱 보브(long bob) 스타일이 점차적으로 유행하였다.

빅토리아풍과 에드워드풍의 우아한 올림머리 스타일은 패션잡지에 소개되어 세련된 패션 리더들의 선망을 받았다. 또한 퍼머넌트를 세트하기 위해서 세팅 로션을 사용하게 되었고, 1934년 진 할로우의 백금색의 머리가 유행하여 탈색을 하고 헤어 락커와 헤어 블리치로 모발의 색상에도 변화를 주었다.

1920년대와 달리 1930년대 유행했던 퍼머넌트 웨이브는 어깨 길이의 머리에 중간 또는 끝만 부드럽게 웨이브한 여성스러운 형태로 나타났다. 1930년대 초에는 앞이마에 짧은 베일을 늘어뜨리고 베레모를 많이 착용하였으며, 터번도 유행하였고 모자가 필수품으로 애용되었다.

Greta Garbo

5 1940년대

1) 사회 · 문화적 배경

1939년에 시작된 제 2차 세계대전이 1945년에 끝날 때까지 세계의 문화는 정체되고, 경제는 침체되고 사회는 불안한 상황이었다. 세계의 문화 발전은 거의 정지상태가 되었고 1945년 일본의 히로시마와 나가사키에 원자폭탄이 투하됨으로써 전쟁은 마감되었다. 전쟁 이후 미국 중심의 자유민주주의와 소련의 공산주의 체제는 서로 대립하여 냉전 시대가 시작되었다.

미국은 제 2차 세계대전에서 피해를 적게 입으면서 주도적 역할을 하여 국제적인 위상이 강화되었고, 세계문화의 중심은 미국으로 옮겨갔다. 미국은 정치·경제적으로 부유한 나라가 되었으며, 이러한 사회 분위기는 사람들의 의식체계에도 변화를 가져왔으며, 전반기의 보수적이고 권위주의적 의식의 중심에서 대중문화의 자유로운 의식으로 변화하기 시작했다. 1948년 유엔은 세계인권선언을 채택했으며 여권은 꾸준히 신장되었다. 대부분의 여성들은 전쟁으로 인하여 산업현장에서 일하였으며, 전쟁의 궁핍한 생활 속에서도 경제권을 가지면서 메이크업과 패션, 헤어스타일의 변화는 계속되었다.

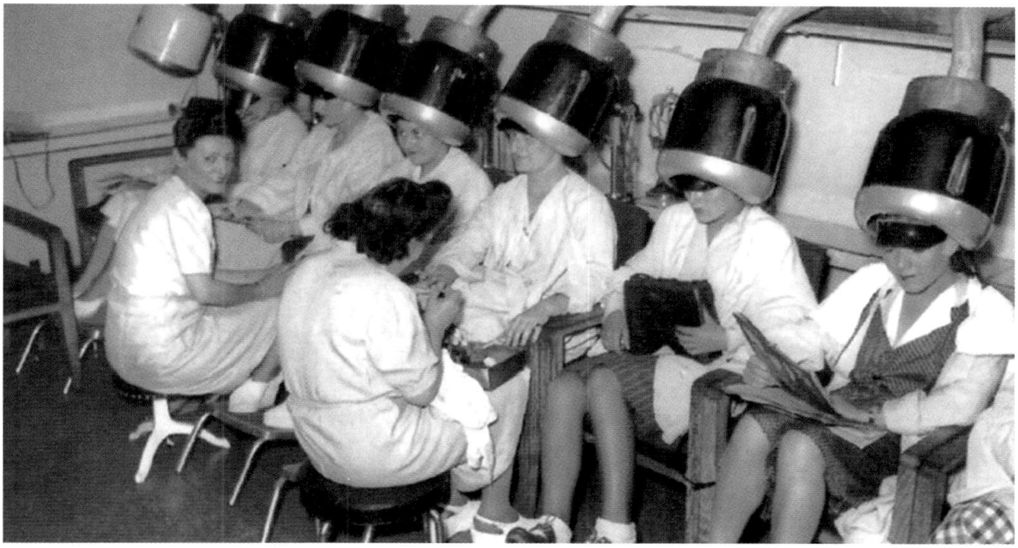

파리의 헤어 및 네일 복합살롱, 1944

2) 패 션

1930년대 말부터 등장하기 시작한 짧은 스커트의 테일러드 수트인 '밀리터리룩(military look)'이 실용적인 기능복으로 전 세계적으로 유행하였다. 초기에는 직선적인 실루엣으로 옷의 기능성을 중요시하였다. 제 2차 세계대전은 시민복의 형태로 단순하고 기능적인 의상을 일반 대중에게 확산시키는 계기가 되었다. 스커트는 폭이 좁아지면서 길이가 무릎까지 짧아지고 어깨는 패드를 넣어 과장되게 표현하여 모난 어깨가 유행하였다. 허리는 정상의 위치였으며 활동하기 편한 박스형의 테일러드 수트가 유행하면서 남성적인 테일러드 수트는 이제 완전히 여성복으로 정착하였다. 1944년에는 머리에 스카프를 두르는 스타일이 유행했으며, 작은 베레모와 베일이 달린 보닛형 모자도 꾸준히 유행하였다. 전쟁이 끝난 직후

1946년 프랑스 디자이너 루이 레아르(Louis Reard)는 휴가를 즐기기 위한 비키니(bikini)를 발표하여 화제가 되었다.

1947년 프랑스 파리의 크리스티앙 디오르(Christion Dior, 1905~1957)는 섬유업자 마르셀 부자크의 후원으로 '뉴 룩(new look)'을 발표하여 전쟁동안 남성화되었던 복식에서 탈피하여 여성의 우아한 이미지를 강조하였다. 이것은 어깨를 부드럽게 하여 작아 보이게 하고 가슴과 허리의 자연적 곡선을 그대로 표현하고 스커트는 플레어로 풍성하게 표현하였다. 전쟁 중에 기능화되고 경직된 분위기의 복식에 대한 자연스런 반발로 예전의 기교적이고 과장된 형태에서 벗어나 현대적 감각으로 기능적이면서도 여성적인 우아함을 표현한 것으로 각광을 받았다.

밀리터리 룩(military look)

밀리터리 룩(illust)

1940년대 뉴 룩

Christion Dior와 뉴 룩 모델들

3) 메이크업

제 2차 세계대전 중에는 생필품 등 물자 부족이 심화되었고 화장품 산업 또한 침체되어 있었다. 1940년대 초반에는 제 2차 세계대전을 겪으면서 남성들 대신 산업 일선에 투입되었던 여성들의 강인한 모습이 이상적인 여성형의 모습으로 대두되었다. 1940년대 후반부터 활발해진 여성의 사회진출로 인해 화장은 활발해지게 되고, 보다 다양해진 화장품이 판매되었으며, 립스틱과 매니큐어가 대중화되었다. 피부를 완벽하게 보완해주며 방수효과가 있는 팬케이크 형태가 개발되어 여성들의 메이크업은 더 두꺼워지게 되었으며, 피부색은 창백하게 표현하고 짙은 색상의 파운데이션을 사용하여 음영을 주어서 얼굴을 더욱 입체적으로 표현하였다. 눈썹은 눈 끝을 좀 더 높게 활처럼 그리고 눈가에는 갈색이나 그린 색상의 아이섀도를 발라서 눈은 움푹 들어가 보이도록 아이섀도를 펴 바르고, 검정이나 갈색 아이라인으로 눈을 강조했다. 또한 관능적인 모습의 섹시하면서도 생동감 있는 형태의 메이크업 스타일로 눈썹은 두껍고 또렷한 곡선 형태로 그리고, 속눈썹에는 마스카라를 칠하고 인조눈썹을 덧붙였으며 입술을 크고 선명하게 곡선 형태로 표현하였다.

1949년 전쟁영화 '애수(Waterloo bridge)'에서 비비안 리(Vivien Leigh)의 이목구비를 더욱 뚜렷하게 보이게 하는 진한 메이크업에 감성적인 페미닌 트렌치 코트룩에 모자를 쓴 스타일과 로버트 테일러(Robert Taylor)의 군인장교 트렌치 코트룩이 대중들의 많은 관심을 받았다. 그 외에도 이 시기에 메이크업에 영향을 준 대표적인 배우로는 '리타 헤이워드(Rita Hayworth)', '로렌 바콜(Lauren Bacall)', '캐서린 햅번(Katharine Hepburn)' 등이 있다.

비비안 리 & 로버트 테일러, 영화 〈Waterloo bridge〉

로렌 바콜(Lauren Bacall)

1940년대 뷰티 패션 스타일

4) 헤어스타일

전쟁으로 인해 머리 형태는 단순화되었고, 위생적인 면과 실용적인 면에 치중했다. 머리 길이가 조금 짧아진 스타일이 유행하였고, 고전적인 복고풍과 중간 길이의 위로 올려서 묶는 스타일도 유행하였다. 전쟁 중 작업장에서 일하는 여성들은 머리에 터번을 쓰거나 천으로 묶어서 일하기 편하게 하는 것이 일반적이었다. 1947년 크리스티앙 디오르의 '뉴 룩' 발표 이후 머리에서 발끝까지 패션을 바꾸어 놓았고, 그 영향으로 머리도 되도록 작게 보이도록 머리꼭대기의 쪽진머리 안으로 빗어 넘기고 한쪽으로 부드럽게 말아 올려 주었다.

1948년과 1950년 사이에는 옆머리는 귀 앞쪽으로 오고 앞머리는 이마에서 불규칙한 모양을 한 픽시 커트(pixie cut)와 새의 깃털처럼 불규칙하게 자르는 페더 커트(feather cut) 등이 유행하여 머리를 작게 보이게 하는데 중점을 두었다. 모자는 더 작아지고 부드러워진 베일이나 깃털로 장식한 필 박스나 베레모가 유행하였다. 또한 퐁파두르 형태가 그전의 유행했던 것과는 다르게 긴 머리가 아닌 어깨 길이의 머리로 머리카락을 머리 둘레로 반복해서 돌려 만드는 형태로 오랫동안 유행하였다. 일반인들은 영화배우를 따라 하려는 경향이 강했고, 헤어스타일을 중요하게 여겼으며, 금발로 염색하는 것이 유행하였다.

1940년대 헤어와 모자 스타일

6 1950년대

1) 사회 · 문화적 배경

전후 세계는 전쟁 시의 동맹과는 관계없이 미국과 소련을 중심으로 이념을 사이에 둔 냉전체계가 되었다. 미국의 과학기술의 발전과 번영으로 문화의 중심이 자연스럽게 미국으로 옮겨졌으며, 세계적으로 경제가 활성화되어 자본의 축적속도가 빨라졌다. 1952년 아이젠하워(Eisenhower) 장군이 미국 대통령에 취임하였고, 영국에서는 엘리자베스 2세의 대관식이 진행되어 지도자가 되었다.

미국에서는 가정용 전자제품과 자동차 산업은 역사상 가장 큰 호황을 이루고 있었고, 특히 컬러 TV, 영화, 카메라의 보급은 사람들의 생활에 혁신을 주었다. 또한 광고 기술이 발달하고 로큰롤과 트위스트 등의 대중적인 음악이 유행하였고, 엘비스 프레슬리(Elvis Presley)의 로큰롤 음악은 선풍적인 인기를 얻었다. 대체적으로 전쟁이 끝나고 남성들이 다시 정상적인 사회생활로 돌아오게 되면서 종래의 순종적이고 모성적인 여성상을 선호하는 사회적 분위기가 형성되었다. 따라서 여성들은 성숙하고 우아한 이미지의 여성을 나타내는 메이크업과 패션에 관심을 두었다.

1950년대 후반부터는 10대 젊은이들이 스스로 돈을 벌게 되면서 새로운 소비층으로 부각되어 젊은 층을 대상으로 한 축음기, 레코드, 라디오, 잡지, 패션, 화장품 등이 잘 판매되었다. 미국의 대중음악과 함께 할리우드의 영화예술과 팝(pop) 문화가 세계적으로 더 큰 영향력을 갖게 되었고 순수예술에 대한 역할도 커지게 되었다.

한편 경제적인 풍요 속에서 기능주의적인 모더니즘(modernism)으로 인한 동질화와 획일화의 경향이 자리를 잡게 되자 그 반항적 조류로 개성의 자유를 찾고자 하는 비트족(beats)과 같은 부류도 나타났다. 비트족은 재즈와 블루스 등 흑인문화를 추종하고 마리화나, 동양종교에 대한 관심을 갖는 등 학계와 지식층에 나타난 탈모더니즘 그룹이었다.

2) 패 션

1950년대의 패션 스타일은 크게 두 가지로 나눌 수 있는데, 오트쿠튀르에서 볼 수 있었던 실루엣 지향의 패션 셰이프(shape)를 디자인 포인트로 한 스타일과 미국의 영 패션인 로큰롤룩이 있다. 실루엣 지향의 패션디자인을 포인트로 한 스타일은 디오르, 발렌시아가, 지방시, 피에르 발맹 등 파리 오뜨 꾸뛰르 컬렉션 디자이너들을 중심으로 한 조형적인 패션 경향이다. 디오르는 모든 컬렉션을 주도하며 1953년 춘하 컬렉션에 튤립(tulip)라인을 발표하였는데, 허리를 조이고 스커트 길이를 짧게 하여 발랄함을 추구하였다.

1953년 가을에 발표한 에펠탑 라인은 하이웨이스트에 포인트를 둔 이브닝드레스로 프린세스 라인이 아랫단으로 내려가면서 넓게 퍼지는 형태로 허리선에 절개선을 넣거나 허리선 아래에 주머니를 달아서 H자의 가로선과 같은 효과를 내었다. 1955년 허리에 벨트를 매지 않고 좁은 어깨에서 끝단으로 내려갈수록 폭이 점점 넓어지는 A라인 스커트를 선보였으며 슈트, 원피스, 코트 등에 적용시킬 수 있었으므로 H라인보다 인기가 있었다.

1957년 발렌시아가와 지방시는 뉴 룩의 대안으로 각각 단순한 라인의 슈미즈와 스포티한 색상 드레스를 선보였다.

1954년 샤넬은 스코틀랜드에서 가져온 트위드 소재를 활용해 샤넬 슈트(Chanel Suit)를 발표했다. 저지나 트위드를 사용하여 직선적인 실루엣에 칼라를 달지 않은 심플한 목둘레와 재킷 도련을 브레이드로 선 장식한 디자인으로 큰 호응을 얻었다. 또한 1955년에는 금속 체인 손잡이와 직사각형 잠금장치가 달린 샤넬 고유의 퀼팅 숄더백(Quilting shoulder bag)을 출시하였다. 1957년 샤넬은 미국 댈러스(Dallas)에서 20세기에서 가장 영향력 있는 디자이너에게 수여하는 '패션 오스카상(Fashion Oscar)'을 수상했다

미국의 영 패션인 로큰롤 룩 경향은 엘비스 프레슬리의 로큰롤에 영향을 받은 10대들의 패션으로 포니테일의 헤어 알로하 프린트의 스포츠 셔츠, 플레어 스커트, 삭스, 스트랩 펌프스 등이 유행하였다. 로큰롤 룩과 함께 영 패션인 맘보 스타일도 유행하였다. 맘보 스타일은 라틴 음악 중에서 쿠바의 맘보와 그에 맞추어 추는 맘보 댄스에서 파생한 패션으로 밑위 길이가 긴 7부 길이의 타이트한 맘보 팬츠에 보트 네크의 짧은 티셔츠를 입는 것을 특징으로 하였다.

그 외에도 할리우드의 마릴린 먼로 같은 글래머 배우에게서 볼 수 있는 팜므파탈 스타일(femme fatale style)로 신체의 선을 따라 길게 내려지고 끝단이 넓어지지 않는 가느다란 시스 실루엣 등이 유행하였다. 남성복에서는 뉴욕의 재즈 뮤지션들이 선호하던 스타일의 아이비룩인 자이비아이비(jivey ivy) 스타일, 풀어 내린 웨이브의 롱 헤어스타일, 에드워드 재킷, 높고 빳빳한 칼라, 타이트한 팬츠, 앞이 뾰족한 구두 등을 특징으로 하는 과장된 에드워드언룩이 특징인 테디보이룩(Teddy boy look) 등이 유행하였다.

샤넬 퀼팅백

엘비스 프레슬리

샤넬 슈트

테디보이룩

3) 메이크업

1950년대에는 사회적 분위기를 반영하여 성숙하고 우아한 이미지를 강조하는 메이크업이 유행하였으며, 여전히 영화배우들의 메이크업 스타일이 유행을 주도하였다. '오드리 햅번(Audrey Hepburn)'은 영화 '로마의 휴일'에서 소녀 같은 이미지로 피부 표현은 하얗게 하고 볼터치는 핑크 계열로 입술은 붉게 표현하였으며, 눈썹은 두껍고 둥글게 하고 아이라인을 두껍게 하면서 눈꼬리까지 길게 그려 눈을 강조하는 메이크업을 유행시켰다.

또한 여성들은 마릴린 먼로(Marilyn Monroe)의 풍만한 육체와 밝은 금발, 특유의 화장법은 성적 매력을 과시하였고 여성들의 동경의 대상이 되었다. 밝은 피부톤에 눈썹 산을 각지게 올려 주고 아이섀도는 자연스러운 음영을 주고 아이라이너는 굵게 끝을 올려 그리고, 인조 속눈썹을 길게 붙이고 마스카라를 많이 발랐다. 빨간색 입술라인과 입가의 뷰티스팟을 그려 넣어서 관능적인 매력을 발산하였다.

1950년대 후반에는 프랑스의 여배우 브리짓드 바르도(Brigitte Bardot)가 주목을 받게 되었는데, 눈썹은 눈썹 결을 따라서 거친 듯 자연스럽게 그리고 아이섀도는 녹색으로 진하게 바르고, 아이라이너는 길게 눈꼬리를 강조하고 입술은 밝은 분홍색으로 표현하여 야성적인 섹시함을 강조하였다. 엘리자베스 테일러(Elizabeth Taylor)와 소피아 로렌(Sophia Lauren)도 입체적이고 진한 화장으로 여성들의 관심을 받았다.

1950년대 후반에는 메이크업 스타일이 점차 다양해지고 의상과 조화를 이루면서 토탈 코디네이션의 개념으로 더욱 발전되어 갔다. 영화나 텔레비전 등의 등장으로 메이크업에 있어 색이 매우 중요시되었다. 이 시기에 화장품은 모든 여성들의 필수품이 되었으며 화장품 또한 많은 종류가 있었다.

마를린 먼로

엘리자베스 테일러

4) 헤어스타일

1950년대에는 영화배우들의 헤어스타일이 유행하였는데 1953년 영화 '로마의 휴일'에서 오드리 햅번이 보여준 짧은 헤어커트가 선풍적인 유행을 하게 되었고, 불규칙한 앞머리와 짧은 커트가 유행했으며 쇼트 기법이 발달하였다. 또한 밝은 금발을 짧게 컬하여 둥글고 솜털 같은 모양의 버블 스타일의 전형인 마릴린 먼로 스타일과 브리짓드 바르도의 머리카락을 자유스럽고 불규칙하게 내려뜨린 롱 웨이브 스타일도 유행하였다.

짧은 머리가 유행하는 반면 긴 머리를 뒤에서 묶어 아래로 드리운 포니테일(pony tail) 스타일, 긴 머리를 부드럽게 뒤로 빗어 올린 '프렌치 트위스트 스타일(French twist style)'이 젊은 여성들 사이에서 각광을 받았다. 여기에 비스듬히 한쪽으로 치우친 모자와 베일을 써서 더욱 부드럽고 세련된 여성미를 표현했는데, 베일을 늘어뜨린 '필 복스 스타일'의 모자가 유행하였다. 또한 머리 전체를 짧게 하여 곱슬거리게 한 푸들 컷도 꾸준히 유행하였다. 1956년 이후에는 부풀린 긴 머리 형태의 부판 스타일(bouffant style)이 나타났다. 남성들은 엘비스 프레슬리와 제임스 딘 등의 연예인의 헤어스타일을 모방하는 것이 유행하였다.

Audrey Hepburn

7 1960년대

1) 사회 · 문화적 배경

제 2차 세계대전 후 '베이비 붐'을 이루며 태어난 세대가 10대 후반 청년으로 성장한 시기로 전체 인구 중 많은 비중을 차지하게 되었고, 1950년대 중반부터 거세게 일어난 젊은이들의 문화는 절정에 이르렀다. 경제적 호황과 더불어 유행과 소비의 주축이 되었으며 '영 패션(young fashion)'을 활발히 전개하였다. 1960년대는 젊은이의 시기로 지칭되며 독특한 청년문화를 형성하면서 생동감과 젊음이 넘치는 '격변의 60년대'를 탄생시켰다. 젊은이들을 대상으로 신제품 개발에 주력하게 되었으며, 이들의 구매력이 산업계의 표적이 되기 시작하였다.

역사적 사건으로는 인류 최초로 달 착륙을 성공하여 과학 혁명시기가 시작되었고, 미국과 소련 간의 냉전이 심해졌으며, 미국의 월남전 참전으로 미국 내 사회혼란을 야기시켰고 청년세대의 반전(反戰)운동으로 히피를 탄생시켰다. 흑인 인권운동으로 마틴 루터 킹(Martin Luther King), 말콤 엑스(Malcom X) 등이 흑인 시민권을 위한 투쟁으로 흑인이 사회적 관심사로 부상하였다. 잡지, TV, 영화 등 대중매체의 발달로 대중문화가 발달하였고 3C 시대라 불렀다(Color TV, Car, Cooler). 모더니즘과 자본주의의 최고조기로 기성세대의 가치관과 고정관념에서 벗어난 나름대로의 다양성과 개성을 강조하게 되었으며, 기존의 사회 · 문화적 틀에 반기를 든 히피문화도 새로운 경향으로 부각되었다.

또한 팝아트나 옵아트 등 현대적 감각의 새로운 미술의 영향으로 추상적이고 기하학적인 무늬나 강렬한 색상을 이용한 패션도 유행하였다.

Brigitte Bardot

2) 패 션

젊은이들을 위한 '영패션의 시대'로서 직물산업의 발달로 급성장한 기성복 산업은 젊은이들의 취향에 맞는 의복을 생산하였다. 캐쥬얼 웨어와 스포츠 웨어의 발달, 유니섹스 차림이 유행하였다. 영국의 '마리퀀트(Mary Quant)'의 '작은 것이 아름답다'라는 슬로건 아래 디자인의 소형화가 특징을 이루었는데, 퀀트는 미니 스커트를 만들어 젊은이들 사이에 새로운 선풍을 불러일으켰다. 또한 미니스커트와 함께 여성도 남성과 같이 '테일러드 팬츠 수트(tailored pants suit)'를 착용함으로써 남녀의 복장이 거의 동일한 모양으로 변해갔으며, '유니섹스(unisex)'라는 말이 파생되었다.

전위적인 히피족 사이에는 몸에 직접 그림을 그리거나 채색하는 바디페인팅이 유행하였다. 그리고 환각을 일으키는 요소를 패션에 도입시켜 남녀 모두 머리를 길게 기르고 판타론에 부츠를 신고 쇠사슬과 종을 달고 꽃을 장식한 '히피룩(hippie look)'을 선보였다.

〈몬드리안 작품에서 영감을 받은 울 소재의 미니드레스〉, 입생로랑, 1965

팝아트(pop art), 옵아트(op art) 등 현대적 감각의 새로운 예술이 부상하였는데 화려하고 원색적인 팝아트나 기하학적인 단순한 무늬가 유행되었으며, '미니멀리즘(minimalism)'과 같은 단순한 형태와 사이키델릭한 현상도 유행하였다.

'팝포크 아트(pop folk art)' 사조의 영향으로 추상적이고 기하학적인 문양과 강렬한 색채가 다양하게 응용되었다. 달 착륙 이후 우주에 대한 관심이 증가하면서 반투명 직물로 짠 '시스루(see through)' 드레스나 다양한 플라스틱, 은색 가죽 등의 인공 소재와 직물이 등장하였다.

〈손목까지 팔찌 형태로 감싼 긴 소매가 달린 알루미늄 소재의 미니 드레스〉, 파코라반, 1967

런던 거리의 대표적 인물; (왼쪽부터) Christine Keeler, David Bailey, Penelope Tree, Marianne Faithfull

울 니트 소재의 맥시 드레스, Rudi Gernreich 작품

3) 메이크업

1960년대부터는 하나의 정형화된 메이크업 패턴에서 벗어나 미에 대한 가치부여와 개성을 중시하는 다양한 메이크업이 나타났다. 1960년대에 들어오면서 메이크업은 표현 형태의 다양성과 개성이 중요시되어 무조건 모방하는 형태에서 벗어나기 시작하였다.

대표적으로 브르짓도 바르도 스타일은 진한 아이라인, 속눈썹과 마스카라로 눈을 진하게 강조하는 반면에 입술 윤곽을 뚜렷하고 약간 바깥쪽으로 그려주지만 엷고 흐린 컬러로 칠해 관능적인 느낌으로 표현하였다. 미용과 패션산업이 거대화되면서 영화는 물론 잡지나 TV에 등장하는 모델의 역할과 가치가 갈수록 증가하게 되었다.

마리퀀트의 '리틀걸룩(little girl look)'은 깨끗한 피부 표현에 풍성하고 긴 인조 속눈썹, 장밋빛 볼 등의 얼굴이 특징이었다. 당시 15세의 모델 '트위기(Twiggy)'는 새로운 체구에 진한 아이라인과 긴 속눈썹 표현으로 눈을 커다랗게 강조하였고, 입술은 연하고 창백하게 표현하여 새롭고 특이한 메이크업으로 큰 반향을 일으켰다. 이후로 눈과 입술 중 한 곳만을 강조하는 메이크업에 관심을 갖는 계기가 되었다.

1960년대 후반에는 성적 대상으로서의 메이크업이나 인위적이고 상업주의적인 메이크업에서 벗어나 자연스럽고 이국 취향적인 히피 메이크업이 나타났는데, 화장색조는 대부분 자연스러운 갈색, 복숭아색, 녹회색 등을 즐겨 사용하였다. 이 시기에는 대체로 눈을 강조하는 메이크업이 대유행하여 인조 속눈썹을 2~3겹 붙이기도 하였으며, 다소 장식적이고 사이키델릭한 판타지 메이크업이 등장하기도 하였다.

60년대 화장법

리틀(little) 걸(girl) 룩(look)

볼 화장

브리짓 바르도 스타일

트위기 스타일

4) 헤어스타일

1960년대에는 여성들이 앞머리는 낮게 하고 뒷머리 모양을 과도하게 부풀리는 스타일을 좋아했는데 머리의 길이에 상관없이 유행하였다. 긴 머리가 뒤로 넘겨진 머리가 유행함으로써 헤어피스와 가발이 많이 사용되었다.

1960년대 초기에는 벌집 모양의 '비 하이브(bee hive)' 스타일이 유행하였는데 백코밍(back combing)된 후 뒤로 넘겨진 헤어스타일이 특징이다. 모발은 점점 더 장식적으로 되어 염색과 탈색기술이 점차 증진되었고, 다양한 색상을 표현할 수 있게 되었다. 영국의 10대 모델인 트위기의 짧은 머리가 유행하였으며 비달 사순(Vidal Sassoon)은 정교하면서 기하학적 커트 기법으로 유명해졌다. '그라데이션 보브(gradation bob)', '지오메트릭 컷

(geometric cut)', '베이직 레이어드(basic layered)', '스트레이트 원 랭스(straight one length)' 등이 유행하였고, 히피 스타일의 영향으로 긴 모발을 다듬지 않고 그대로 풀어헤친 스타일이나 에스닉풍의 땋은 스타일이 동시에 유행하였다. 1960년대 말에는 흑인의 미가 찬양되면서 나타난 아프리칸룩(African look)의 영향으로 '아프로 스타일(Afro style)'이 흑인 여성들 사이에서 유행하기도 하였는데, 꼬불꼬불하고 부스스한 흑인 특유의 헤어스타일을 그대로 빗질하여 부풀린 스타일이다.

1960년대를 대표하는 전형적 스타일의 1965년 학급사진; 영국 최신 유행 스타일을 하고 있는 여학생들

'작은 새우'로 불리었던 Jean Shrimpton의 거울을 보고 있는 모습

비달 사순, 1960년대

The SUPREMES, 세련된 흑인 여성

8 1970년대

1) 사회 · 문화적 배경

1970년대는 1973년 석유파동과 재정 적자 등 전 세계적으로 불황을 겪었던 시기로 높은 인플레이션과 실직률 등으로 1960년대의 소비가 미덕으로 인식되었던 시대는 물러가고 소비자들은 좀 더 합리적·실제적인 생활을 추구하게 되었다. 하지만 1970년대 중반으로 들어서면서부터 경제가 안정을 되찾으면서 생활수준이 향상되었다.

1964년 월남전 발발 이후 미국이 개입하면서 많은 희생자를 낳게 됨에 따라 인간성 상실을 경고하고 휴머니즘을 강조하는 반전운동이 미국과 영국에서 일어나기 시작되었다. 특히 영국은 물가 상승에 심각한 타격을 받아 젊은층의 실업자 수가 증가하고 기존의 체제에 대한 불신과 저항문화가 확산되었는데, 영국의 대중문화는 반전운동과 사회 · 경제적 영향으로 펑크(funk) 운동을 일으켰다. 이는 반항적이고 공격적인 것이 특징이며 과격함과 저속함이 공유되어 있으며, 1980년대로 계속해서 이어졌다.

또한 여성운동의 확산으로 과거 남성들만의 전문 분야에 도전하여 남성들과 경쟁하면서 일반직과 전문직에 종사하게 됨에 따라 사회적 지위가 향상되고, 현대적인 여성의 이미지가 부각되었다.

2) 패 션

1970년대에는 남성복의 여성화와 여성복의 남성화로부터 시작되었으며, 젊은층에서는 '유니섹스룩'이 강하게 대두되었다. 여성복에서는 팬츠 수트가 크게 유행하였고, 남성복에서는 다양한 색채, 무늬, 디테일 등이 사용되었다. 계속되는 경제적 불황과 통화 팽창으로 인해 패션의 실용성을 추구하게 되어 다양한 효과를 낼 수 있는 '레이어드룩(layered look)'과 '루스룩(loose look)'이 유행되었다. 또한 '블루진(blue jean)'은 1970년대를 특징짓는 중요한 패션으로서 노동의 작업복으로 시작하였다.

1960년대 히피족들에 의해 착용된 블루진은 1970년대 전 세계적으로 넓게 퍼져 대중의 라이프스타일을 변화시키면서 젊음과 대중을 상징하는 유니폼의 형태를 띠면서 진 패션의 영 패션화가 정착하기 시작하였다. 펑크와 팝의 영향으로 일상적이고 편안함을 추구하는 의복 형태가 유행하였고, 팬츠 착용이 보편화되었으며, 1971년 겨울에는 '핫 팬츠(hot pants)'가 유행하기도 하였다.

존 트라볼타의 '토요일밤의 열기'; 1970년대 스타일의 상징이 된 디스코춤 영화

어깨선에 패드를 넣고 허리는 가늘게 조이며 엉덩이 라인은 둥글게 보이는 '아우어 글래스룩(모래시계형)' 실루엣이 등장하였다. 디스코 댄스의 붐과 함께 디스코 팬츠도 유행하였다.

영국에서 시작된 펑크 패션은 반항적인 이미지로 사람들에게 불쾌감을 주는 패션 스타일로서 플라스틱이나 인조가죽으로 만든 재킷과 바지, 미니스커트 등을 입고 투명한 플라스틱과 망으로 된 셔츠를 입었다. 개의 목끈, 안전핀, 면도칼 등을 장식품으로 활용하거나 강렬하고 진한 색조 메이크업이나 삭발, 뾰족하게 날 선 헤어스타일 등을 하기도 하였다.

미국 TV 드라마 '미녀삼총사'

3) 메이크업

1970년대 초에는 외모에 대한 사회심리적 역할과 중요성이 관심을 끌게 되었고, 좋은 외모는 직업적 성공에 도움을 준다고 믿게 되었다. 1970년대에는 복고풍의 우아하고 성숙한 여성미가 주목을 받으면서 이국적이면서도 얼굴 전체에 풍부한 색채를 표현하는 메이크업이 나타났다. 미국의 대표적 여배우 '파라 포셋(Farrah Fawcett)'은 눈썹을 자연스럽게 정리하고, 베이지 브라운 컬러 아이섀도로 아이홀을 강조하였으며, 아이라인은 부드럽게 그리는 메이크업을 하였다. 파운데이션은 건강한 피부색과 질감이 그대로 표현되도록 가볍게 발랐고 눈 화장을 위한 컬러로는 스모키 그레이(smoky gray) 등이 유행하였으며 틴티드 모이스쳐라이저, 스킨 컬러 아이섀도, 무색의 립 글로스와 매니큐어를 바른 커리어 우먼들이 많았다.

신체 이미지는 자연스럽고 건강하며 스포티하게 보이는 것을 선호해 흰 피부보다 매력적이고 건강한 다갈색 피부를 원하게 되어 마치 휴가를 다녀온 듯 태닝(tanning)을 일 년 내내 하기도 하였으며, 건강하고 균형 잡힌 몸매를 만들기 위한 헬스나 다이어트 클리닉, 휘트니스 센터에서 운동을 하면서 슬리밍 다이어트제를 복용하기도 하였다.

'The New Avengers'에 출연한 Joanna Lunley의 보울 커트(bowl cut)

1970년대 여성들은 낮에는 거의 색조를 부각하지 않는 화장을 하다가 밤에는 펄 아이섀도나 글리터를 이용한 과감을 화장을 하였는데, 눈썹을 가늘게 인위적으로 그리고 입술과 볼에는 진하고 뚜렷한 색으로 화장을 하기도 하였다. 이러한 유행의 원인은 바로 디스코(disco) 열풍 때문으로 클럽 조명 아래에서 화려하게 돋보이도록 하기 위해서이다.

1970년대 중반에는 점차 동양풍이 유행함에 따라 부드럽고 조용한 카키, 베이지, 담갈색, 주황, 자주, 분홍과 같은 색상들이 제시되어 차분한 이미지를 표현하였다.

한편 일부 펑크족들은 눈 주위에 붉은색이나 검정색으로 진하고 과감한 라인을 그리거나 칠한 후 검붉은색 입술에 과감한 사선 방향의 볼 화장을 하는 등 미의식을 강하게 부정하는 개성 있는 메이크업 경향을 보여주었다.

1970년대 초 다자이너 잔드라 로즈는 민속풍의 의상에 화려하고 과감한 판타지 메이크업을 선보이기도 했는데, 1970년대 3월 1일자 발행된 보그지에 실린 '컬러 퀘이그(color quake) 화장법'으로 눈 주위에 원색의 컬러 점과 선을 그리는 화장법을 말한다.

1970년대 유행했던 'Afro' 헤어스타일을 하고 있는 모델, Marsha Hunt

Max Factor의 눈 화장 패턴

4) 헤어스타일

1970년대 초 자연회귀 운동과 함께 '자신의 재발견' 붐에 힘입어 우아하고 여성스러우며 자연스러운 이미지를 선호하게 되었고, 잘 꾸며진 머리보다 바람에 나부끼는 자연스러운 형태(blow dried)의 퍼머 웨이브나 어깨 길이의 세련된 볼륨감의 '레이어드 웨이브(layered wave)'가 유행하였다.

숱이 많고 굵은 컬의 헤어스타일은 가장 중요한 1970년대의 신체적 특징으로서 미디엄이나 롱 레이어의 전성기였다. 중반으로 들어서면서 짧은 퍼머 스타일과 긴 스트레이트 머리가 유행하다가 후반에는 펑크족의 등장으로 머리카락을 다양한 색상의 스프레이를 사용하여 울긋불긋하게 뾰족한 형태로 세웠으며, 머리 양쪽을 극도로 바짝 자르기, 머리카락 꼬아 세우기 등 기존의 스타일과는 전혀 다른 이미지를 헤어스타일에서 표현하였다. 젊은이들에게는 모발에 층을 낸 양파 컷과 유니섹스룩이 유행하기도 하였고, 1970년대 중반부터는 1930년대 스타일이 복고되어 자연스럽게 컬이 진 스타일과 레이어드 스타일, 짧은 퍼머 스타일과 긴 스트레이트 스타일, 흑인 여성의 아프로 스타일과 후반에는 펑크 스타일 등 다양한 헤어스타일이 공존하였다.

Charlie's Angels 中 파라파셋의 레이어드 커트 스타일

런던 King's Road의 펑크족

9 1980년대

1) 사회 · 문화적 배경

1980년대에 들어서면서 세계적으로 경제의 급성장과 자본주의화, 다원화 등 문화 전반에 걸친 새로운 변화가 표면적으로 구체화되었다. 동서 냉전체제의 균열과 컴퓨터의 보급과 발전으로 정보화 사회에 들어섰으며, 경제적 안정과 사회복지의 발달로 풍요로운 삶을 누리게 되었다. 이 시기에 전후 베이비 붐 세대에 의한 새로운 라이프스타일이 등장하는데 경제력과 건강 유지를 중요시하는 '여피족(yuppies: young urban professional)' 계층이 그들이다. 이들은 1980년대 초반 미국의 대도시 교외에 거주하면서 전문직에 종사하는 젊은 엘리트 계층으로 물질주의와 소비주의 시대에 직업적 성공과 경제적 여유 및 여가를 즐기고 자신에게 아낌없이 투자하는 사람들이다. 또한 미용, 패션, 헬스와 몸매 가꾸는 활동 등도 개인의 신분 상징이나 부를 표현하기 위한 수단으로 사용되었기 때문에 무절제한 과소비와 빈부의 격차가 심했던 시대이다.

1980년대 여성들은 1970년대의 자연스러운 이미지와는 달리 적극적이고 강인한 이미지를 선호하게 됨에 따라 다양하고 개성 있는 스타일이 등장하였다. 또한 여성운동의 확산으로 과거에 남성들만의 전문 분야에 도전하여 남성들과 경쟁하면서 일반직과 전문직에 종사하게 됨에 따라 사회적 지위가 향상되고 현대적인 여성의 이미지가 부각되었다. 이와 더불어 미용 산업 전반적으로 피부의 건강이 중요시되고 피부보호와 관리용 화장품들이 대량

개발되었다.

환경의 중요성을 인식하게 됨에 따라 '세계는 운명 공동체', '지구는 하나'라는 자각을 하게 되었고, 공해와 자연 파괴로부터 환경을 지키기 위한 문제에 관심을 갖기 시작하였다. '포스트모더니즘(postmodernism)'이라는 시대정신이 대두되어 고급예술, 고상한 취향, 고전주의와 모더니즘에 도전함으로써 예술과 일상의 경계를 없애고 고급예술과 대중예술의 차이를 줄임으로써 예술과 대중문화, 대중예술과의 경계가 모호해지기 시작했다. 즉, 모더니즘적 사고의 틀을 거부하고 주류와 비주류의 경계와 틀을 거부함으로써 여러 가지 장르가 붕괴되고 재혼합되는 현상을 말한다.

대처 수상과 레이건 대통령

1980년대 여성 이미지를 상징하는 'Revlon' 광고

아름답고 지적인 여성을 위한 스킨케어 제품 광고, Vichy

2) 패 션

1980년대의 패션은 획일적으로 따르던 파리 중심의 패션에서 완전히 탈피하여 새로운 측면이 수용되었다. 이것은 뉴 웨이브(new wave) 패션을 이루어 펑크, 포스트모던, 네오모더니즘(neo modernism), 앤드로지너스(androgynous) 등의 양식으로 구분되어 개성화, 고급화, 다양화 추세를 따르게 되었다. 1980년대에는 전반적으로 어깨에 패드를 넣어서 어깨를 넓게 보이게 하는 스타일(power dressing)이 유행하였고, 스커트의 길이가 다양해졌으며 더블 브레스트 재킷과 직장 내 여성들의 바지 정장이 일반화되었으며 스커트 수트가 인기가 있었다.

1980년대 중반 이후로는 어깨가 얇아지고 부드럽고 곡선적인 여성스러움을 강조하게 되었다. 또한 건강과 미용에 관심이 높아짐으로써 조깅과 에어로빅, 헬스의 성행으로 인하여 운동복을 실용적인 일상복으로 착용하기도 하였다. 1980년대 후반에는 자연보호와 환경오염에 대한 인식의 증대로 에콜로지(ecology) 패션 경향이 나타나 자연물을 모티프로 하거나 그린, 블루 컬러와 천연 소재 직물의 시용이 유행하였다.

Hennes 1988 광고, 검은 정장, 흰 블라우스, 검은 서류가방, 페라리

1980년대 주·야간 클래식 정장: Claude Montana, 1987, 가을 컬렉션

'바디빌딩' 열광

3) 메이크업

여성의 사회진출이 활발해짐에 따라 일반직과 전문직에서 남성과 경쟁하기 위한 강한 이미지를 추구하게 되면서 눈썹을 두껍게 그리고 입술도 진하고 뚜렷하게 바르는 강한 이미지를 추구하게 되었다. 즉, 1970년대의 자연스러움과는 달리 눈과 입술을 모두 강조하는 메이크업으로 당시 대표적인 배우 '브룩실즈(Brooke Shields)'도 강한 눈썹과 뚜렷한 이목구비를 강조하는 메이크업을 하였다. 디스코 댄스에 어울리는 황금 펄을 눈두덩에 발랐고, 볼 터치도 펄이 들어가 있는 색상을 발라 화려한 메이크업이 유행하였다.

1980년대 중반에는 복고풍의 영향으로 성숙한 여성의 이미지가 선호되면서 섹시하면서도 진한 메이크업이 성행하였다. 1980년대 후반에 들어와서는 신자연주의 경향의 대두로 피부관리에 더 많은 관심을 쏟기 시작하였고, 자연스럽고 부드러움이 강조된 내추럴 메이크업으로 전환되었다.

여성복의 관습적 틀에 도전한 Eurythmics의 Annie Lennox

전문 메이크업 아티스트들에게서 화장법을 배웠고 1980년대 후반에는 리포좀(liposome), 세라마이드(ceramides), 콜라겐(collagen) 등이 함유된 안티에이징 제품들이 보급되었으며, 여드름 치유제인 AHA 크림은 피부 검버섯과 미세 주름 같은 손상을 없애주는 재생효과제로 알려져 보급되기 시작했다.

앤드로지너스, 양성적 이미지를 연출한 Grace Jones

TV 드라마 “Dynasty” 中 Joan Collins의 파워 드레스

1980년대의 디바, 마돈나

4) 헤어스타일

1980년대는 1970년대부터 이어져 온 내추럴 이미지가 그대로 이어져 오면서 전문 뷰티 살롱이 대중화되기 시작했으며, 전문 헤어 디자이너들의 활동이 활발해지고 다양한 헤어스타일이 제시되고 유행하였다. 영국 다이애나 비의 자연스러운 헤어 커트가 큰 관심을 받았고, 디스코 댄스의 유행으로 긴 머리를 땋아 내린 '디스코 머리' 스타일도 젊은이들 사이에서 개성 있게 표현되었다. 1980년대에도 일부 젊은이들에 의해 머리를 특이한 모양으로 자르거나 여러 가지 색으로 염색한 펑크 헤어스타일이 표현되었고, 비대칭적이고 기하학적인 컷이나 중성적인 스타일의 아주 짧은 컷이 등장하였다. 1970년대 후반부터 펑크 스타일이 이어져 오면서 다양한 색상으로 염색하거나 양옆은 면도하고 앞이마부터 뒷목둘레는 둥글게 자른 '모혹 스타일(mohawk style)', 불규칙한 길이의 모발을 빳빳이 세운 '스파이키 스타일(spiky style)', 옆머리는 자르지 않고 가운데로 모발을 모아 부채살 모양으로 젤이나 무스로 빳빳이 세운 '폴큐핀 스타일(porcupine style)', 머리 전체를 빡빡 깎은 '스킨 헤드 스타일(skin head style)' 등이 유행하였다.

1980년대 펑크 스타일

1980년대 펑크 헤어

10 1990년대

1) 사회 · 문화적 배경

1990년대는 인터넷의 급속한 보급으로 정보화가 가속화되고 전 세계 문화권이 하나로 연결되면서 유행의 흐름과 기간도 단축됐다. 또한 1991년 걸프 전쟁, 미국 L.A에서의 흑인 폭동이 있었다. 퍼스널 컴퓨터가 일반화되고 정보의 네트워크화가 이루어졌으며, 컴퓨터 세대들만의 독특한 문화를 형성하게 되었다. 산업화와 기계문명의 부작용으로 나타난 자연환경 파괴에 대한 인식이 높아지면서 신자연주의 경향에 영향을 받아 다양한 분야에 '에콜로지(ecoogy)', '에스닉(ethnic)'의 이미지가 부각되었다. 또한 1980년대에 시작된 특별한 정형이 없이 응용되는 포스트모더니즘은 지속적으로 각 분야에 영향력을 발휘하였다.

1990년대의 특징으로는 10대 청소년 문화가 급속도로 발전하면서 신세대 중심적인 문화가 생성되었고, 1990년대 말에는 천년을 마감하고 새천년을 시작하는 세기말적 요소와 다양한 문화가 공존하였고, 이러한 풍조가 사회에 받아들여지는 분위기였다.

엘리뇨, 라니뇨 등 기상이변이 일어나 환경의 중요성이 대두되었고 의식주에서 환경친화적 상품이 인기를 끌고, 패션에서도 색상, 소재, 스타일 등에 전반적으로 영향을 미쳤다.

걸프전, 미국 병사

2) 패 션

세기말이라는 불안감이 과거에 대한 향수와 결합해 복고 지향 패션으로 나타나 모즈룩과 히피룩, 레트로룩(retro look,복고풍)이 나타났다. 또한 자연과 환경에 대한 중요성이 강조되면서 대자연과 과거에 대한 향수로 천연소재의 자연스러운 질감과 색상을 위주로 하여 에콜로지, 에스닉, 네오히피, 네오 클래식, 그런지, 복고풍 등으로 다양하게 표현되었다. 또한 1990년대 가장 압도적인 패션사조는 단순화, 최소화를 표방한 '미니멀리즘'이었다. 1990년대 중반의 쉬폰이나 레이스, 투명 소재의 시스루 의상, 대담한 노출 패션과 과감한 미래지향적인 '네오-아방가르드(neo avant garde)'식의 패션의 경향도 시도되었다.

10대들 사이에서는 힙합 음악의 유행으로 헐렁한 진과 로고 셔츠 등의 힙합룩이 함께 유행되었는데, 배기 펜츠에 헐렁한 상의를 입었고 포스트모더니즘의 영향으로 어떤 일정한 양식에 얽매이지 않고 다양한 스타일을 추구하였다. 1990년대의 패션은 스타일을 나타내 주기 위함보다는 자신의 삶의 일부와 개성을 표현하기 위한 하나의 도구처럼 여겨졌다.

Ralph Lauren 부부, 데님 진(denim jean), 트위드 재킷, 1993

오버 사이즈, 레이어드 룩, 1994 s/s컬렉션, Ann Demeulemeester

아프리칸 스타일 모티프, Rifat Ozbek, 1990

Dior 패션쇼에서 중국풍 의상을 선보인
John Galliano, 1997

'케이트 모스' 사진이 걸린 런던의 'Burberry' 광고

Martin Margiela Hermes 쇼, 1999

3) 메이크업

1990년대에는 이전까지의 여러 가지 스타일을 재현하는 복고풍과 이국적이고 민속적인 감각이 등장하였다. 환경보호 문제가 사회적으로 이슈화되면서 자연 그대로의 색감과 질감을 나타내는 내추럴 메이크업이 강세를 이루었다. 또한 내추럴톤을 기본으로 특정한 스타일의 메이크업이 강조되기보다는 다양한 형태의 메이크업이 각자의 개성에 맞게 표현되었다.

내추럴 메이크업의 유행으로 피부는 가볍고 투명하게 표현하고, 눈썹은 최대한 자연스럽게 그려주고 아이섀도 색상은 연하고 밝게, 입술은 연하게 바르거나 바르지 않은 듯하게 입술색 그대로를 연출하기도 하였다.

1990년대의 sex symbol, Sharon Stone, '원초적 본능'

에콜로지의 영향으로 자연스러운 중간 색조의 아이보리, 베이지, 그레이, 브라운 계열을 선호해 화장의 색상이 엷어지고 가벼워졌으며, 피부도 투명하고 눈썹과 입술은 아주 엷게 그렸다. 1990년대 중반 이후로는 화려한 아이섀도 색상으로 눈을 강조하는 메이크업이 유행하기도 하였으며, 후반에는 세기말의 미래에 대한 동경과 두려움이 반영되면서 펄(pearl)과 반짝이(glitter)를 이용한 미래주의적 메이크업으로 표현되기도 하였다.

영화 'Pulp Fiction' 中 Uma Thurman

4) 헤어스타일

1990년대는 개성이 뚜렷해지면서 다양한 길이의 헤어 컷이 나타나고 레이어드 보브 컷(layered bob cut) 스타일과 헤어 컬러링이 유행되었다. 1990년대의 머리 형태는 개성과 독창성이 중요시되어 다양한 스타일이 유행하였다. 헤어 색상 제품의 급속한 발전으로 헤어 색상을 원하는 색상대로 다양하게 연출하게 되었고, 염색 블리치(bleach)나 매쉬(mash) 등의 부분 염색으로 각자의 감성과 취향을 표출하였다.

1990년대 초반에는 에콜로지의 영향으로 머리 형태는 짙은 색의 길고 자연스러운 웨이브가 유행하였으며, '그런지룩(grungy look)'의 영향으로 앞머리는 직선적으로 짧게 자르고 뒷머리는 쇼트 커트 스타일도 유행하였다. 1990년대 중반에는 아프리카풍의 힙합 레게(hip-hop reggae) 스타일이나 타이트한 웨이브 스타일, 아프로 브레이드(afro braide style) 스타일, 직선적 뱅(bang) 스타일이 유행하였다. 한편 다양한 컬의 퍼머 머리, 헤어 젤이나 헤어 무스를 이용하여 손질한 굵고 자연스러운 웨이브 스타일, 자연스러운 스트레이트 스타일, 헤어핀이나 모자, 두건 등의 연출로 개성 있고 다양한 스타일이 공존하였다.

1990년대 깡마른 스키니 몸매를 선보인 슈퍼모델, Kate Moss

완벽한 아름다움을 지닌
Jemima Khan

'Friends' 中 레이첼 역의
Jennifer Aniston 헤어스타일

Karl Lagerfeld와 Linda
Evangelista; 1990년대 초
밝은 레드(red) 헤어 컬러

CHAPTER 06

현대(21세기)

1. 2000년대
2. 2010년대
3. 2020년대

Beauty Culture & Trend

1 2000년대

1) 사회 · 문화적 배경

1990년대에서 2000년대로 넘어오면서 새로운 천년에 대한 기대와 희망이 높았으며 여러 가지 변화가 있었고 그 변화는 급격했다. 2000년 7월 미국의 항공우주국(NASA, National Aeronautics and Space Administration)은 지구온난화로 그린란드(Greenland)의 빙하가 녹아내려 지난 100년 동안 해수면이 약 23cm 상승했음을 발표하였다. 세계적으로 지구온난화에 대한 위기감이 조성되었고 바다의 기온이 평균기온보다 높아지는 엘니뇨(El Nino) 현상으로 지구 환경에 대한 관심과 우려 등이 부각되었다. 또한 2001년 미국 뉴욕에서 발생한 9.11 테러와 아프카니스탄 테러, 이라크 전쟁 등 미국과 중동 국가에 대한 전 세계적 갈등과 긴장감이 드러났다.

그린란드 빙하

9.11테러

21세기 사회문화의 가장 큰 특징은 정보화와 세계화가 가속화되기 시작한 것이다. 2000년대 초반에는 아날로그(analog) 시장과 디지털(digital) 시장이 공존기를 이루며 균등한 점유율을 지녔으며, 이 시기의 문화와 감성들은 여러 창작 소재로 이용되고 있다. 인터넷과 통신의 발달이 급격히 이루어지면서 2000년대 중반부터는 디지털 매체의 발달이 아날로그 매체를 앞서게 되었고, 영상 저장 매체인 필름 카메라(film camera)와 아날로그 캠코더(camcorder) 등이 대부분 디지털 카메라와 디지털 캠코더로 대체되었다. 휴대폰에 안테나가 내장되고, 디지털 카메라 화소급의 카메라폰이 등장하였으며 흑백폰이 컬러폰으로 대체되고, 통신기술도 3G(generation)가 상용화되면서 큰 발전을 이루었다. 특히 인터넷의 발달은 외국과 내국의 정보격차를 줄여주어 해외 트렌드가 국내에 빠른 영향을 끼치고, 더욱 다양한 스타일을 추구할 수 있게 했다. 인터넷을 통한 편리한 구매가 보편화되었으며, 해외 상품도 직접 구매가 가능해지게 되었다.

인터넷과 더불어 대중매체가 급격히 발달됨에 따라서 대중들은 영화나 음악 등 대중문화를 더욱 쉽고 다양하게 접할 수 있게 되었고, 연예인 워너비 신드롬(wannabe syndrome)이 미디어를 지배하며 대중의 스타일 아이콘과 열망의 대상이 되는 셀러브리티(celebrity) 문화가 떠오르게 되었다.

인터넷과 통신의 발달

한편으로는 세계적으로 환경 재해, 신종 질병 등의 위협과 저출산 위기 등 복잡한 문제들로부터 벗어나 행복하고 평안한 몸과 마음을 유기적으로 결합해 인생을 풍요롭고 아름답게 영위하고자 하는 '웰빙(wellbeing)'에 대한 관심과 열망을 불러일으켰다. 과거의 양적·물적 소비를 했던 시대에서 질적 소비를 지향하는 분위기로 변화하였고, '웰빙'은 전 세계적 현상으로 삶과 문화 전체에 새로운 라이프스타일로 자리 잡게 되었다. 특히 자연주의적이고 클래식함을 추구하는 사회 성향과 연결되어 2000년대 초반에는 사회 전체적으로 웰빙 현상이 두드러졌으며, 음식, 화장품, 피지컬 피트니스, 가구, 학용품, 건축 자재 등 광범위하게 영향을 미쳤다.

웰빙 현상

1990년대 중반부터 2000년대 중반까지 중국, 일본 등 아시아 권역을 중심으로 한국의 TV 드라마와 대중음악이 인기를 얻으면서 한국문화 열풍을 이르는 '한류'라는 단어가 등장했다. 2003년 일본에서 방영한 TV 드라마 '겨울연가'는 크게 흥행했으며, 드라마 촬영지인 춘천의 남이섬은 일본 관광객들의 필수 여행지로 유명해졌다. 2000년대 중반부터는 빅뱅, 소녀시대, 카라 등 '아이돌 스타(idol star)'라고 불리는 한국의 보이그룹과 걸그룹을 중심으로 한류가 확산됐다. 이 시기의 한류는 아시아에서 더 나아가 중남미, 중동 등 더 넓은 세계무대로 뻗어나갔다.

2002년 5월 31일 FIFA 월드컵이 한국과 일본의 공동 개최로 개막되었다. 아시아 최초의 월드컵이고 한국 최초로 HD로 생중계된 월드컵이였으며, 한국은 최초로 4강에 진출하여 파란을 일으켰다. 대한민국 축구 국가대표팀의 공식 서포터즈 클럽 '붉은 악마'의 열정적인 응원 모습은 세계적인 관심을 받았으며, 붉은 티셔츠 패션스타일은 크게 유행하였다.

2008년 11월 대통령 선거에서 오바마(Barack Hussein Obama)는 미국 최초의 흑인 대통령으로 당선되어 2009년에 미국 대통령으로 취임하였다. 오바마 대통령은 대화와 협상을 통해 러시아, 유럽과 관계를 재정립하고 중동과 평화의 외교시대를 열었으며 이 공로로 노벨평화상을 수상했다.

2009년 4월 멕시코에서 처음 발생한 '신종플루(Swine Influenza)'라는 전염병이 발생하여 많은 사망자가 발생하고 빠른 속도로 확산되어 전 세계를 공포에 떨게 했다. 세계보건기구(WHO)는 신종플루에 대한 경보 단계를 최고 수준인 '대유행'으로 격상했으며, 각국은 치료제와 백신 비축에 나서는 등 신종플루 확산을 막기 위해 안간힘을 쓰며 극복하였다.

21세기의 시작인 2000년대의 현대인들은 물질적 풍요와 급격한 산업 발달로 더욱 개성을 중시하고 사회문화적으로 다원화되었으며, 인터넷과 디지털의 발달로 글로벌적인 감각과 소통의 시대에 적응하면서 다양한 트렌드를 공유하며 발전시켜 나갔다.

2) 패션

2000년대는 경제적 안정과 생활수준의 향상으로 개인의 개성과 가치관이 중요시되었는데, 개인의 특성을 잘 표현할 수 있는 다양한 패션스타일이 등장하였다. 특히 21세기는 디지털 시대, 유비쿼터스 시대로서 IT 기술과 로봇 기술, 나노 기술, 센서 기술 등이 발달하면서 하이테크(high-tech)의 시대가 도래하였다.

패션 디자인 분야에서도 새로운 환경 속에서 인간을 보호하는 개념이 도입되어 테크놀로지와 결합된 휴대용 컴퓨터, 서바이벌 의복, 안전복과 같은 '입을 수 있는 기술(wearable technology)'의 의복 디자인을 시도하였다. 소프트웨어, 통신장치, 센서와 음성인식 시스템을 의복과 결합하여 인터넷 서핑과 전화, 컴퓨터 작업 등을 가능케 하는 '인텔리전트 패션(intelligent fashion)'이 연구되고 디자인되었다.

2000년 필립스(Philips)와 리바이스(Levis)는 'ICD+(Industrial Clothing Design Plus)'라는 이름의 휴대폰, 헤드폰, 리모콘, mp3 등이 장착되어 있는 무게 145g의 재킷을 공동으로 발표했다. 국내에서도 웨어러블 컴퓨터 아웃도어 스포츠 브랜드인 코오롱(Kolon)에서 iPod 내장형 고어텍스 재킷을 상용화하였다.

패션계에서는 샤넬(Chanel)의 수석 디자이너인 칼 라거펠트(Karl Lagerfeld)가 2005 S/S 컬렉션에서 'Chanel TV belt'를 선보였다. 이 벨트는 모델이 착용하고 걸을 때는 샤넬 광고가 플레이되는 스타일로 패션 디자이너 브랜드에서 보여준 웨어러블(wearable) 컴퓨터의 시도라고 볼 수 있다.

ICD+재킷

샤넬의 TV belt

2000년대 패션은 테크놀로지의 영향을 많이 받았다. 패션에 대한 미래지향적인 접근 방식이 있었으며 메탈릭, 유광 블랙, 그레이를 많이 사용하고 스트랩(strap)과 버클(buckle)이 보편화되었다. 2000년대 초반에는 금빛, 은빛 등의 메탈릭 컬러, 스팽글(spangle), 시퀸(sequin) 등의 반짝이는 화려한 장식의 미니스커트와 드레스, 실버 실을 섞어 짠 스웨터나 가방, 액세서리 등의 메탈릭 스타일과 퓨처리즘(futurism) 양식이 유행하였다. 또한 가죽 스커트, 라인스톤 티셔츠, 반짝이는 신발, 홀터 탑(halter top), 스팽글 탑과 팬츠, 자수 스커트 등이 전 세계적으로 유행하였다.

한편으로는 2000년대 초반에는 사회심리적으로 세기말에 대한 반동, 신-전통주의, 웰빙 현상 등의 영향을 받았다. 청량하고 깨끗한 느낌, 간결하고 산뜻한 린넨이나 코튼 같은 천연 식물 섬유들을 사용하여 자연적이고 친환경적인 이미지, 건강과 편안감을 추구하였다.

메탈릭 패션

천연섬유 패션

2002년 FIFA 월드컵의 열기와 한국선수단의 최초 4강 진출 등 그 영향으로 한국 응원단인 '붉은 악마'의 붉은 티셔츠 패션스타일은 크게 유행하였다.

유행의 주기가 짧아지면서 유행하는 스타일의 의류를 빠르게 공급하기 위하여 생산부터 유통까지의 소요시간을 최소화하는 시스템의 '패스트 패션(fast fashion)'의 소비는 2000년대 초·중반에 급증했다. 패스트 패션은 최신 하이 패션 디자인을 기반으로 한 저렴한 하이 스트리트(high street) 의류로서 패스트 런웨이(fast run way)에서부터 트렌드를 반영한 저비용 매력으로 인해 패션 산업 성장의 핵심 요소가 되었으며, 저렴한 의류가 더욱 중요해짐에 따라 브랜드들은 소비자의 새로운 소비 습관에 부응하기 위한 전략을 개발하였다.

9.11 테러와 2007년 서브프라임 모기지론(sub-prime mortgage loans) 위기는 보수주의의 새로운 물결을 가져왔고 패션에 영향을 미쳤다. 이것은 미국의 노동자의 직물인 데님의 등장으로 이어졌으며 청바지가 로우 라이즈(low rise)로 시작하여 다양한 허리 라인과 다리 너비로 이동하면서 자유 정신을 반영하였다. 크고 두툼한 신발과 두툼한 웨지 힐, 꽃무늬 자수 모조 가죽끈이 달린 샌들이 인기를 끌었고, 스케쳐스(Skechers)와 같은 성공적

인 운동화 브랜드가 인기를 끌었다.

2000년대 중반 여성의 인기 트렌드는 자수가 들어간 로우 라이즈 진(low rise jean), 요가 팬츠, 끈 팬츠, 카울넥 탑(cowl neck top)이었다. 1940년대 새로운 영감을 받은 드레스와 샌들, 레깅스, 1960년대 스타일의 피코트(pea coat), 넓거나 좁은 벨트 튜닉, 히피(hippie)와 보헤미안(bohemian)에서 영감을 받은 페이즐리(paisley) 문양이 유행하였다.

2000년대 중후반에는 여성들에게 하이 웨이스트의 원피스, 튤립 형태의 볼륨감 있는 원피스, 다양한 길이와 라인의 미니스커트와 미니 팬츠가 열풍을 일으켰고 간결한 디자인의 레이스와 퍼프 소매가 달린 여성스러운 '로맨틱 미니멀리즘(romantic minimalism)'이 유행되었다.

2000년대 남성 패션은 주로 1960년대와 1980년대 영화에서 영감을 받았으며, 의복에는 헨리 셔츠(henley shirts), 머슬 셔츠(muscle shirts), 후디(hoodie), 카고(cargo) 바지, 비행사 재킷, 케이블 니트 스웨터, 시어서커(seersucker) 수트, 웨스턴 셔츠, 블레이저(blazer), 피코트 등이 유행하였다.

2000년대 로우 라이즈(low rise) 패션

남성 스트리트 패션

2000년대에는 특히 다양한 레트로 패션이 유행하였다. 여성스러움을 기본으로 글래머러스(glamourous)한 디자인이 등장하였으며, 레트로 패션의 관점에서 연도별로 유행스타일을 살펴보면 다음과 같다.

2001년에는 1970년대풍의 디스코 룩(disco look)과 그런지 룩(grunge look)이 유행하였다.

2002년에는 1970년대의 보헤미안, 뉴 히피 현상, 화려한 무대 의상과 장식 등 모호한 양성성과 인공성을 갖는 글램 록(glam rock) 등이 트렌드로 나타났다.

2003년에는 여성적인 우아함과 섹시함, 섬세함이 패션에 표현되었고, 1960년대의 스페이스 룩(space look)에서 보여지는 미래주의 경향과 신비한 오리엔탈리즘이 나타났다.

2004년에는 로맨틱 빈티지(romantic vintage)와 레이디 라이크 룩(lady-like look)이 테마로 떠오르고 '리본(ribbon)'이 중요한 패션 키워드가 되어 로맨틱 레트로의 붐을 타고 다시 의상의 표면으로 등장하게 되었다. 웰빙의 사회문화적 양식과 더불어 기존의 단추, 지퍼와 같은 인위적인 요소가 리본이나 끈과 같은 자연적이고 복고적인 형태로 바뀌게 되었다.

2005년에는 에스닉(ethnic)과 트로피컬(tropical)을 강조하며 자유로운 느낌의 프린트와 패턴, 부드럽고 엘레강스한 실루엣 등 레트로 클래식(retro classic)이 나타났다.

2006년에는 내추럴리즘(naturalism)의 부활과 더불어 엘레강스 라인과 모던한 디자인 요소가 디자인에 접목되면서 섬세하고 부드러운 실루엣이 연출되고, 민속적이고 전통적인 모티브가 지속되면서 '에스닉 스타일(ethnic style)'은 패션에서 글로벌한 트렌드로 자리 잡게 되었다.

2007년에는 과감한 컬러, 민속적인 의상, 스포티 룩(sporty look), 로맨틱한 프릴의 스커트와 메탈 장식 등 다양한 스타일이 공존하며, 서로 믹스한 스타일과 데님부터 미니스커트까지 모든 것이 함축되어 나타났다.

2008년에는 순수한 라인에 집중하는 웰빙 트렌드, 1920년대와 1970년대의 트렌드를 간직하면서, 현대성을 수용하고, 이를 장식으로 표현하는 레트로 트렌드가 큰 축을 이루었다.

밝고 경쾌한 감성의 스쿨 룩(school look)과 프레피 룩(preppy look), 1980년대의 브라이트(bright)한 컬러감과 그래픽적인 요소가 접목된 스포츠 룩(sports look)과 고급 캐주얼 룩(casual look)이 나타났다.

2009년 패션에서는 넓고 각진 어깨가 강조된 테일러드 재킷(tailored jacket), 부풀린 헤어스타일 등 1980년대 스타일의 열풍이 나타났으며 많은 디자이너들이 1980년대에서 영향을 받은 스타일을 선보였다. 경기 침체기임에도 불구하고 패션은 생동감 넘치는 컬러와

클래식 로맨틱 스타일, 알렉산더 맥퀸, 2005 S/S

프레피 레트로 스타일, 알렉산더 맥퀸, 2005 S/S

로맨틱 에스닉 스타일, 발렌시아가, 2007 F/W

모던 섹시 스타일, 아르마니, 2009 S/S

프린트, 빛나는 패브릭으로 섹시함을 표현하였다.

이와 같이 패션은 끊임없는 유동의 상태이기에, 현대 패션에서 레트로의 의미는 단순히 한 시즌을 주도하는 트렌드가 아니라 서로 다른 성격의 이미지를 절묘하게 조합시켜 총체적인 브랜드 이미지를 만들어 내는 2000년대의 핵심적인 패션 키워드가 되었다.

이렇게 다양해진 2000년대의 패션은 독특하고 다양한 소재와 디자인, 개성적인 스타일을 추구하면서 레트로, 클래식, 스포티, 미니멀, 에스닉, 에콜로지, 로맨틱, 빈티지, 퓨처리즘 등 트렌드들이 공존하며 서로 믹스매치 되기도 하였다.

3) 메이크업

2000년대에는 획일적이고 동일한 색감과 패턴이 유행하지 않고 개인의 개성과 취향, 라이프스타일과 연령 등에 따른 각 개인의 개성을 중요시하는 화장법이 다양하게 나타났다.

건강을 중시하고 개인의 여유로운 심리적 안정을 중시하는 '웰빙 트렌드'의 영향을 받아 메이크업은 색감 표현보다는 피부 질감을 강조하기 시작했으며, 지구온난화로 인한 환경오염이 심각해짐에 따라 기초 피부 화장에 대한 중요성을 재인식하고 다양한 자연 성분의 친환경 화장품을 표방하는 화장품 브랜드가 인기가 있었다. 1990년대 말부터 유행했던 자연스러운 화장법이 2000년대 초반에는 투명하고 동양미가 느껴지는 청순가련한 스타일로 유행하였다.

2000년대 중반에 들어서면서 특히 피부톤을 밝게 하면서 피부 질감을 강조하는 화장법이 유행하였는데, 특히 물을 머금은 듯한 '물광 메이크업', 도자기 표면처럼 잡티나 두드러기가 전혀 없이 매끄러운 '도자기 메이크업', 밝은 빛이 뿜어져 나오는 '빛광 메이크업', 갓 스파(spa)에서 나온 듯한 촉촉한 수분을 머금은 듯한 '스파 메이크업' 등 피부결과 질감을 강조하는 화장법과 관련된 신조어들이 생겨났다. 물광 메이크업이 유행하면서 하나의 제품으로 여러 가지 뷰티 제품의 효과를 볼 수 있는 '멀티 밤(multi balm)'이 출시되었고, 무결점 피부를 지향하는 경향이 강해지면서 쉬머(shimmer) 제품은 필수 아이템이 되었다.

물광 메이크업

2006년 일명 '연예인 화장품'으로 화제를 낳은 'BB(blemish balm)' 크림이 인기를 끌면서 마케팅 대상이 20대 여성부터 학생들, 남성에게까지 이르게 됐다. BB크림을 바르는 남성도 많아지면서 필수품이 되었다. 2000년대 중반을 넘어서며 메이크업 베이스에 자외선차단 기능이 추가됐고 이후 컬러 베이스, 펄 베이스가 차례로 나왔으며, 기능성 화장품에 대한 연구가 가속화되었고 화장품에 피부미백, 자외선차단, 주름개선 기능 등이 추가되었다.

눈매를 강조한 '스모키(smoky) 메이크업'은 섹시한 이미지를 부각시키고 개성을 강조해 2000년대 이후 꾸준히 패션쇼와 일반 여성들한테 사랑받고 있으며, 이와 더불어 속눈썹의 풍성함을 돋보이게 할 수 있는 마스카라, 인조 속눈썹 등이 유행하였다. 2000년대 중·후반에는 스모키 눈(smoky eye) 메이크업에 입술에는 투명 립글로스를 바르는 것이 유행하여 여성들 사이에서 립스틱보다 더 인기가 있었다.

또한 2000년대에는 황홀한 색상의 금속 광택이 있는 브론즈 조각을 포함하는 메이크업으로 미래지향적인 우주 시대 스타일도 유행하였다. 2005~2006년에는 고양이 눈 형태와 밝은 붉은 입술 표현으로 1940년대 복고풍 메이크업이 부활했다.

스모키 아이(smoky eye) 메이크업

2000년대 중후반의 메이크업 유행 경향을 요약해보면 다음과 같다.

색상, 질감, 패턴과 형태 등 메이크업 디자인이 획일화되고 정형화된 유행보다는 개인의 나이와 인종, 성별, 신체적 특성, 개인적 취향과 선호도, T·P·O에 맞는 '맞춤형 메이크업'이 대두하였다.

자연으로의 회귀, 친자연적인 90년대 말 이후의 '에콜로지(ecology)'풍의 내추럴 메이크업이 대중들에게 꾸준히 사랑받아 오면서 식물성 화장품과 기능성 화장품이 인기를 끌었다.

자연스러운 피부 질감과 윤기, 수분을 머금은 듯한 피부결을 위한 기초화장품과 스킨톤을 보정해주는 다양한 색조 베이스 화장품이 개발·출시되었다.

특히 피부의 다양한 질감(texture)을 표현하는 물광(光), 윤광. 펄광, 도자기 광 등의 신조어의 부각과 함께 피부 질감 표현법이 주요한 화두로 부각되었다.

메탈릭 메이크업

브론즈 메이크업

2000년대 후반부터는 밝은 피부톤에 빛나는 질감의 펄 아이섀도와 립글로스, 미세한 펄 질감의 아이라인 펜슬, 크림 타입의 치크 블러셔, 젤 아이라이너, 립글로스가 새롭게 각광받았으며, 피부 질감을 강조하는 화장법이 유행됨에 따라 잡티를 커버하는 컨실러(consealer)와 피부결을 보완하는 프라이머(primer) 등이 대중화되었다. 한편으로는 미국의 팝가수인 레이디 가가(Lady Gaga)의 메이크업 스타일의 영향으로 인조 속눈썹이 큰 붐을 일으켰으며 속눈썹 연장도 유행시켰다.

또한 2000년대 후반에는 천연 및 유기농 화장품이 급부상했다. 화장품 안전성에 대한 소비자의 인식변화로 화학물질보다는 천연·유기농 성분의 화장품을 추구하게 된 것이다. 건강한 아름다움을 추구하는 소비자들의 니즈를 반영한 먹는 화장품, '뉴트리코스메틱스(nutricosmetics)'가 등장했으며, 의약품에 사용되던 원료를 화장품에 도입하는 '코스메슈

티컬(cosmeceutical)'로 의약품의 효과를 화장품으로 얻고자 하는 소비자들도 늘어나기 시작했다.

2000년대 들어 남성의 외모가 경쟁력이 되면서 남성들도 아름다움을 추구하게 되었다. 이러한 인식은 패션과 외모에 관심이 많은 남자를 일컫는 '그루밍족(grooming people)'이라는 신조어까지 탄생시켰고 남성은 화장품 산업의 소비자층으로 자리 잡기 시작했다. 2000년대 후반이 되면서 평소에도 BB크림, 아이라이너를 그리거나 메이크업을 즐기는 남성들도 생겨났다.

또한 2000년대에는 1990년대에 시작된 남녀의 문신과 피어싱 추세가 이어졌다. 피어싱과 문신은 2000년대 중반에 최고 인기를 얻었으며 젊은이들 사이에서 계속 유행하였다.

레이디 가가

남자 메이크업

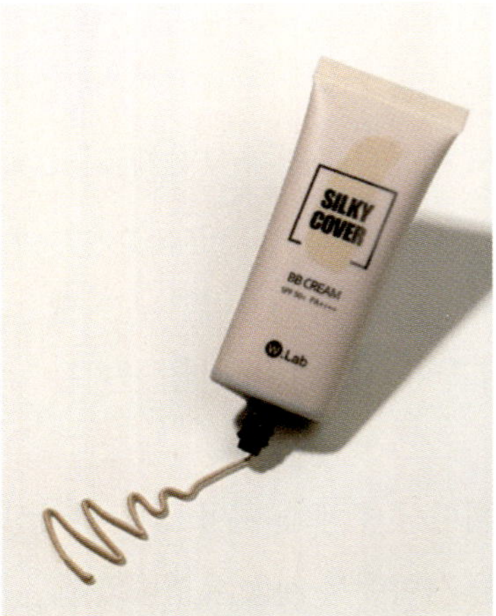

BB크림

천연 유기농 화장품

(1) 물광 화장

2000년대 후반에는 자연스러운 내추럴리즘 메이크업과 더불어 '소프트 스모키 아이(soft smoky eye) 메이크업'도 함께 유행되어 사랑받았다.

피부 베이스(base)는 피부의 결점를 보완하면서 자신의 피부톤을 최대한 살리는 자연스러운 피부화장이 중요시되었다. 눈썹은 선보다는 면을 채우는 자연스러움을 추구하고, 일자 눈썹이 유행하였으며 스모키 아이 메이크업도 유행하였다.

립 메이크업은 본래의 입술 라인을 살리고 다양한 색을 사용해 크리미하고 글로시하게 표현하였다.

물광 화장

건강한 삶과 라이프스타일 추구, 웰빙 추구에 대한 관심과 붐으로 피부의 결점은 컨실러로 잘 보완 수정하면서 자신의 본래 피부톤을 최대한 살리는 베이스 피부화장법이 포인트 색조 화장법보다 더욱 중요시되었다.

도자기 결처럼 매끄럽고 흠집 없는 완벽한 무결점 피부 질감과 촉감을 연상시키는 피부결, 촉촉한 수분을 머금고 있는 듯한 광택감, 자연스러운 크리미한 질감, 빛의 반사와 흐름을 이용한 윤이나는 입체적인 얼굴윤곽 표현법 등 다양한 피부질감 표현을 효과적으로 할 수 있는 베이스 크림과 베이스 색조 파운데이션과 팩트 등이 유행하였다.

동안열풍에 의해 파생된 뷰티 신조어

신조어	특징	영향
쌩얼	'생얼굴'의 줄인 말로, 화장을 하지 않은 맨 얼굴을 가리킨다. 맨 얼굴에 가까운 피부 표현이 특징이다.	짙은 화장에서 맨얼굴과 같은 피부 표현으로 변화하게 되면서 자연스럽고 어려보이는 깨끗한 피부 표현에 대한 열망을 부추겼다.
물광	'물을 머금은 듯 투명하고 광이 난다'는 의미, '물광'은 '투명 메이크업', '쌩얼 메이크업'으로 발전해왔던 안 바른 듯한 화장법의 진화형이라고 할 수 있다.	피부가 수분을 머금은 듯 촉촉하고 건강해 보이며, 피부가 윤기 있어 보이고 주름도 감춰주는 효과를 주어 얼굴에 자연스러운 빛이 들도록 하는 메이크업을 탄생시켰다.
빛광	'피부가 빛을 머문 듯, 윤기를 머문 듯, 광채를 지닌 도자기처럼 잡티 없이 매끄럽다'는 의미한다. 다양한 색감을 강조하기 위해 빛을 이용하여 빛이 반사, 굴절 등 각기 다른 상호작용을 하기 때문에 메이크업의 결과도 달라지게 된다.	빛에 따라 피부색상이 입체적으로 변하며 평면적인 얼굴, 칙칙한 피부색 등 동양여성의 결점을 커버하는 메이크업이 유행하였다.

(2) 스모키 아이(smoky eye) 메이크업

눈썹은 선이나 윤곽을 강조하는 선적인 표현보다는 빈 곳을 자연스레 메꾸는 듯한 면적인 약간 두껍고 풍성한 형태, 아이섀도는 질감과 그러데이션이 자연스레 표현되는 크림 타입의 아이섀도나 크레용 타입의 아이섀도, 펄이 함유된 윤기와 빛이 느껴지는 화장법이 유행하였다.

입술은 과하지 않으면서도 본래 라인을 자연스레 살리고 수분감과 광택감, 유분감이 느껴지는 텍스쳐가 유행하였다.

4) 헤어스타일

자연스럽고 굵은 웨이브 컬, 자연스럽고 스트레이트 형태의 긴 생머리, 미디엄 보브

(medium bob) 스타일, 뱅(bang) 헤어스타일 등이 동시에 유행하였다. 2000년대 초반에는 강렬한 컬러의 염색이 유행하다가 후반 이후부터는 브라운 컬러 계열의 자연스러운 염색과 투 톤(two tone) 컬러로 염색하는 것이 유행하였다. 젤이나 왁스를 발라 모발의 질감을 살려주고 가르마 방향과 입체감을 살려주는 스타일이 유행하였으며, 연예인들이 대중미디어에 출연할 때의 헤어스타일 유행이 가속화되었다..

2000년대 초반에는 대부분의 여성들에게 긴 스트레이트 헤어스타일이 유행하였으며, 헤어라인을 지그재그로 나누는 '지그재그(zigzag) 분할'이 유행했다. 2008년까지 금발, 빨강, 밝은 갈색으로 만든 하이라이트(highlight)와 로우라이트(lowlight)가 유행했다. 2002년에는 청키 하이라이트(chunky highlight)라는 대담하고 혼합되지 않은 하이라이트가 등장했으며, 이 추세는 2006년까지 계속되었다. 하이 포니테일(high ponytail)은 앞서 힙합음악이 유행하던 2000년대 초반에 유행했다. 비욘세, 시아라 등 강렬한 이미지의 여성 솔로 가수들이 주로 시도했다. 비욘세는 화려한 주얼리를 치렁치렁 장식한 의상에 높게 묶은 포니테일을 연출하고 럭셔리한 룩을 자주 선보였다.

청키한 줄무늬 하이라이트

오렌지 하이라이트

브라운 하이라이트

밝은 금발의 청키 하이라이트

크림프 헤어(crimp hair)는 2000년대 초중반에 유행했다. 흑인 여성의 경우 2000년대 후반까지 콘로우(cornrow), 드레드록(dreadlocks), 컬리 위브(curly weave)가 인기를 끌었고 톤 다운된 아프로(afro), 제리 컬(jerry curl), 짧은 픽시 컷(pixie cut)이 자넷잭슨(Janet Jackson)과 리한나(Rihanna)와 같은 아티스트에 의해 대중화되었다. 10년 동안 인기를 끌었던 또 다른 헤어스타일은 브레이드(braid) 스타일이다. 초기에서 중기까지 땋은 머리는 종종 세심하게 복잡한 패턴에 넣어졌고 여성 의류 스타일과 더 잘 섞이는 방법으로 의도적으로 스타일링되었다. 2000년대 중반에는 많은 여성들이 보브컷(bob cut)을 선호했다.

2000년대 후반에는 1980년대에 유행했던 '사이드 뱅(side bang)' 스타일이 유행했다. 볼륨감 있는 질감의 헤어, 자연스러운 웨이브 헤어, 보브컷 등은 2007년부터 영국과 미국에서 모두 인기를 끌었다. 2000년대 후반의 인기 있는 트렌드로는 헤어밴드, 헤드 랩(head wrap) 및 스크런치(scrunchie), 사이드 포니테일, 한쪽 머리의 땋기 등이 있다.

퀴프(quiff) 형태의 짧은 헤어스타일은 2000년대 초 25~40세의 유럽 남성에게 인기가 있었고 스파이크 헤어(spike hair)는 18~30세 남성에게 인기가 있었다. 2000년대 후반에 자연스러운 머리 색깔이 다시 표준이 될 때까지 블랙 헤어의 젊은 영국 남성은 종종 금발로 염색한 직조와 줄무늬를 가졌다. 미국 남성과 소년들 사이에서는 1997~2004년과 2005~2008년에 보이 밴드와 팝펑크 밴드에 의해 대중화된 헝클어진 뾰족한 헤어스타일이 유행하였다. 2000년대 후반까지 많은 영국 청년들은 1950년대 스타일의 깔끔한 헤어스타일을 선택하고 포마드로 스타일링했다.

화려한 헤어 컬러링

하이 포니테일 스타일

단발보브 컷

헤어 밴드 스타일

국내에서는 2000~2002년에는 점차 자연스럽게 가르마를 타 넘기는 헤어스타일이 주류를 이루었으며, 아이돌의 영향을 받아서 앞머리를 길게 내린 5:5 가르마 스타일의 '커튼 머리'가 유행하였다. 화려한 염색과 앞머리에 헤어 블리치도 함께 적용되어 유행되었다.

2003~2004년에는 뒷머리가 긴 스타일인 일명 '샤기 컷(shaggy cut)'이라는 헤어스타일이 유행하였다. 샤기컷은 오랫동안 유행하였으며, 여러 가지 스타일의 샤기 컷이 돌아가면서 유행하였다. 2005~2006년에는 샤기컷이 인기를 끌면서 헤어스타일이 진화되어 드라마 '꽃보다 남자'에서의 울프컷(wolf cut)과 샤기 '꽁지머리'도 같이 유행하였다. 2006년에는 울프 컷(wolf cut)에다 일자 앞머리를 스타일하는 것이 유행하였다. 일자로 무겁게 자른 앞머리와 긴 스트레이트 헤어스타일이 유행하였다.

2007~2008년에는 독특한 헤어스타일이 접목되었는데 한쪽은 헤어를 밀고 반대쪽의 헤어는 길러 넘기는 일명 '쑥대 머리'가 유행하였으며, 이후 쑥대 머리에서 변형되어 '비대칭 컷'이 유행하였다. 여성들은 시스루(see through) 앞머리의 시초라고 할 수 있는 삼지창 형태의 앞머리가 유행하기 시작하였으며, 이후 단발 웨이브 스타일이 유행하였다.

2009~2010년에는 댄디한 스타일로 '로보이 컷(lo-boy cut)'이라고 불리면서 뒷머리는 짧고 앞머리도 눈썹까지 오는 단정한 미소년 같은 헤어스타일이 유행하였다. 여성들은 얼굴형을 작아 보이게 하는 옆머리를 주로 내었으며 안쪽으로 C컬을 만들어서 동양인 특유의 광대가 감추어질 수 있는 헤어스타일이 유행하였다. 또한 앞머리는 대부분 일자형으로 내렸으나 길이가 점점 짧아져서 귀여운 '뱅스타일(bang style)'이 유행하였다.

샤기 컷 스타일

울프 컷 스타일

쑥대머리 스타일

비대칭 컷

헤어 블리치(bleach)

샤기 컷 스타일

삼지창 헤어스타일

C컬 스타일

2 2010년대

1) 사회 · 문화적 배경

정보통신 기술이 발전하고 스마트폰이 확산되었으며 무선 네트워크와 클라우드 컴퓨터의 발달 덕에 '사물 인터넷 산업'이 괄목할 만한 성장세를 보였다.

기온 상승으로 인한 '지구 온난화' 현상이 전 세계적인 관심사로 눈길을 끌었으며, 사회적으로는 노령층 증가와 은퇴로 인한 연금 압박, 출산율 감소로 인한 인구 감소와 노령화 사회 현상이 전 세계적으로 심각한 문제로 부각되었다.

지구온난화

글로벌화의 영향으로 동양의 문화가 서양으로 진출하는 역전(易傳)현상이 나타났는데, 특히 한국의 K-pop(Korean pop music, 2000년대 전후로 유행하는 한국의 대중가요를 부르는 말. 주로 아이돌 그룹의 댄스곡을 가리킨다(국어사전)). 지난 10년동안 멜로디, 마음을 사로잡는 안무, 공감할 수 있는 가사, 개성과 매력을 전 세계 관객을 사로잡으며, 세계적으로 영향력을 주고 있다. 특히 방탄소년단(BTS)은 2013년 빅히트 엔터테인먼트(현 하이브) 소속으로 데뷔하였으며, 이 아시아 시장을 넘어 전 세계에 진출하였다.

K-pop의 부상(블랙핑크)

OTT 넷플릭스의 ‘오징어 게임’

2010년대는 2007년 첫 출시된 ‘스마트폰의 대중화’와 함께 시대적 문화 자체가 스마트, 모바일 문화로 자리잡게 되었다. 스마트폰은 세분화되어 있던 디지털 시장 전체를 작은 휴대기기 안에 모두 통합시킨 시스템이었고, 이러한 시스템을 구축한 ‘스마트폰’이 대중화되어 유행을 타며 시장의 구도는 스마트폰으로 넘어가게 된다.

따라서 2000년대 인기를 끌었던 기존의 디지털 전자 시장은 스마트폰의 대중화와 함께 몰락하였으며, 이러한 스마트폰 시대에 대비하지 못했던 디지털 업체들은 전부 쇠퇴의 길을 맞이하게 된다.

2000년대 후반까지 디지털과 혼용되었던 아날로그 매체 역시 스마트폰의 대중화와 함께 몰락, 인류의 실생활에서 더 이상 쓰이지 않게 되었다. 이처럼 스마트폰의 대중화는 스마트, 모바일 시대의 개막을 열었고 기존의 디지털 시장과 아날로그 매체를 퇴출시킴으로써 이전 시대의 시대상과는 확실한 차별성을 띠게 되었다.

IT 시장도 Windows XP와 싸이월드 등 PC를 기반으로 한 서비스가 전성기를 누렸던 시기였다. 2010년까지 대중적인 인기를 끌었던 '싸이월드'와 '네이트온'은 스마트폰의 대중화에 대비하지 못해 급격히 몰락, 스마트폰의 대중화 이후인 2012년 이후에는 이용자들이 대부분 빠져나가 결국 몰락하게 되었다.

2011년부터 본격적인 스마트폰의 대중화가 시작되었고 시장 역시 이에 맞춰 완전히 급변했다. 2010년부터 인기를 끌던 트위터와 페이스북, 카카오톡, 카카오스토리 등 모바일 기반 SNS가 싸이월드, 네이트온, 버디버디를 대체하였고, 2010년까지 어느 정도 버티던 기존 디지털 시장도 2011~2012년을 기점으로 완전히 몰락하였다.

피처폰 역시 이 해부터는 스마트폰에 완전히 판매량이 밀렸으며, 삼성전자는 기존의 애니콜 브랜드를 포기하고 스마트폰 브랜드 갤럭시만을 주 상품으로 취급할 정도로 위상이 떨어졌다. 그나마 남아있던 아날로그 TV도 2012년을 끝으로 지상파 송출을 중단, 아날로그 매체는 완전한 몰락을 맞이하였다. 아날로그 매체와 기존 디지털 시장의 혼용기(混用期)가 끝나고, 스마트폰이 파생시킨 문화가 큰 규모의 유행을 타는 스마트폰 시대가 열리게 된 것이다.

2012년부터 2014년까지는 스마트폰의 초창기 시절로 이 시기의 문화와 감성이 시간이 어느 정도 흐른 2020년대부터는 이전 아날로그 시대와 마찬가지로 대중들에게 추억거리로 여겨지고 있다. 애니팡 등 1세대 스마트폰 게임들과 카카오스토리, 페이스북, 트위터 등은

2015년부터 인스타그램과 틱톡 등에 밀려 대중적인 파급력을 잃어버린 1세대 모바일 SNS 등이다.

이러한 서비스는 2014년경까지 인기를 끈 뒤 2015년부터는 인스타그램과 2020년부터는 틱톡 등으로 대체되었고 스마트폰 게임 역시 기존 PC 콘솔 게임의 퀄리티로 출시되면서 스마트폰 초창기의 모바일 게임은 쇠퇴하였다.

2010년에서 2019년에 태어난 세대는 세대 전원이 21세기에 출생하였다.

2010년대는 스마트폰의 대중화로 기존의 디지털 시장과 아날로그 매체의 몰락으로 이전 시대와는 확연히 다른 차별성을 띠게 되었으며 이 시대에 태어나거나 이 시대 문화의 영향을 유년기 때부터 받은 세대는 스마트폰이 파생시킨 스마트, 모바일 문화에 더 익숙한 세대이며 이들을 '알파 세대'로 부른다.

또한 이들 세대부터는 이전의 아날로그 매체와는 완전히 경험적으로 단절되었으며, 기존 디지털 시장에 대한 경험도 존재하지 않는다.

2010년대에 태어난 세대는 이전 세대인 2000년대생과 마찬가지로 디지털 시장에 익숙한 '디지털 네이티브(digital native)' 세대로, 이전 시대의 아날로그 매체나 스마트폰 이전 디지털 시장과는 경험적으로 완전히 단절되어 있는 세대이다.

특히 2010년대 초반생 이후로는 스마트폰의 대중화가 완료된 이후 출생한 2012년생~2019년생으로서 출생 직후부터 스마트폰 매체들과 가까이 하는 시간이 높아 영유아의 스마트폰 중독이 사회문제가 되기도 했다. 이러한 특성 때문에 2010년대생은 Z세대와 구별되는 '알파(Alpha) 세대'라는 새로운 세대로 구분되기도 한다.

2010년대를 아우르는 주요 키워드를 정리하면 다음과 같다.

* 스마트폰, '뉴 포티(New Forty)', '김연아 선수의 벤쿠버 동계 올림픽에서 금메달'이다.

2010년에 뉴포티는 이전의 40대와 달리 자신의 외모를 가꾸는데 적극적이고 패션이나 미용에 과감히 투자하는 40대를 부르는 호칭이다.

* '후쿠시마 원전 사고', '스티브 잡스'가 사망하였다.

* 2012년 키워드로는 '쇼미더 머니(Show me the money)', '오가닉(Organic)', '한미 FTA', 싸이의 '강남 스타일'이다. '오가닉'은 자연에서 재배한 자재를 가공하지 않고 천연 그대로 사용하는 제품을 말한다.

* 2013년 유행한 키워드는 '먹방 시대', '나홀로족', '초미세먼지 주의보'이다.
아프리카 TV에서 많은 양의 음식을 섭취하는 모습과 ASMR을 들려주는 먹방 유튜버들이 대거 등장하고 많은 이들이 즐겨보는 현상이 있었다.
'나홀로족'은 혼자서 살면서 혼자 먹고 자고 즐기는 싱글족이나 비혼족(非婚族)들의 라이프스타일과 삶의 모습을 주요 방송 채널을 통해 보여주는 프로그램이 인기를 끌었다.

* 2014년 유행한 키워드는 '꽃보다 할배', '갑질', '세월호'이다.
'꽃보다 할배'는 예능 프로그램으로 건강하고 인지 능력이 좋으면서 신체 거동이 활발하며 심리적·사회적으로 건강한 '시니어 라이프(senior life)'를 보여주는 여행 예능 프로그램으로 높은 시청률로 인기를 입증하였다.

* 2015년 유행한 키워드는 '킨포크 라이프(kinfolk life: 미국 포틀랜드의 라이프스타일 잡지인 〈킨포크〉로부터 영향을 받아 자연 친화적이고 건강한 생활양식을 추구하는 사회 현상)', '메르스'가 있었는데, '킨포크 라이프'는 자연 친화적이고 건강한 생활양식을 추구하는 사회 현상을 말한다.
* 2016년 유행한 키워드는 '유튜브(youtube)', '촛불시위', '사드 배치'이다.

* 2017년에 유행한 키워드는 '욜로 라이프(YOLO life: You only live once : 한 번뿐인 인생)', '모바일 페이'가 있는데, '욜로 라이프'는 현재 자신의 행복을 가장 중요시하는 사고방식을 말한다. 모바일 페이는 스마트폰을 이용해 결제 등을 할 수 있는 프로그램이다

* 2018년 키워드는 'BTS 빌보드 1위', '평창 동계 올림픽', '남북정상회담', '역대급 폭염', '가상화폐'이다. 가수 싸이 이후로 다시 한 번 한류가 전 세계를 휩쓴 사건이 BTS 붐으로 일어났다.

* 2019년 유행한 키워드는 '뉴트로(newtro: new retro)', '100회 전국 체육대회', '일본 불매 운동'이다. 누트로는 복고를 새롭게 즐기는 경향이고, 전국 체육대회가 막 100회가 된 해였다.

지금까지 일본 불매 운동이 성공한 적이 없었는데, 이때는 소비자들의 반응이 적극적이고 동참하는 분위기였다.

평창 동계 올림픽

2019년

· 한일 무역 분쟁으로 인한 일본 제품 불매 운동이 시작되었다.

일본 불매운동

2) 2010년대 패션

(1) 스트리트 패션(Street Fashion)의 유행

단순히 길에서 입고 다니는 옷이라는 의미에서 벗어나 2010년대 메인 스트림(main stream)에 올라와 패션 트랜드를 지속적으로 주도하고 있다.

캐주얼하고 편한 패션을 일컫는 말로 2000년대 말 이후 2010년대 초반 타투, 그래피티 디자인의 유행, 바이커 스타일, 에디 슬리먼 스타일(디올 옴므, YSL), 니폰필(언더커버) 스타일이 유행하였다, 옷의 핏감은 전체적으로 슬림하다.

과거에는 단순히 스케이트 보더, 힙합 스타일 패션을 의미하였으나, 2010년대 중반 국내에서 〈쇼미 더머니〉를 필두로 한 힙합 음악이 유행하면서 동서양의 힙합 아티스트들이 주로 입던 스트리트 패션이 주목받았다, 트레비스 시캇, 칸예 웨스트 등이 대표적이다.

2010년대 중반부터 좀 더 화려한 디자인보다는 좀 더 세련된 디자인, 핏감을 살린 의류가 유행되었다. 과거 슈프림이나 스투시, 베이프 같은 스트리트 패션 브랜드만 입는 것이 아닌 베트멍, 발망 등의 하이엔드 브랜드를 섞어서 해외 힙합 아티스트들처럼 입는 것이 유행하였다.

특히 베트멍의 루스핏 유행을 선두로 팔 길이가 매우 긴 롱 슬리브나 3XL~5XL 정도 사이즈의 항공 점퍼도 유행하였다. 스트리트 패션에서 신발은 나이키의 에어조단과 반스의 올드 스쿨룩을 많이 입고 다녔으나, 2010년대 중반 이후부터는 '킨예 웨스트'의 '이지 부스트'와 '발렌시아가'의 트리플 S, 스피드 러너 등이 큰 반응을 일으켜 어글리 슈즈와 삭스 슈즈의 인기가 커졌다.

2020년에 들어서는 에어조던 1의 재유행과 덩크로우, 나이키 콜라보레이션 스니커즈들이 큰 인기를 얻고 있다(나무위키:namu wiki/ 2023. 10, 12 검색).

힙한 댄서 룩

바이커, 라이더(rider) 패션

힙합 보더 룩(border look)

스트리트 댄서 룩, 나이키 에어조던 운동화, 힙합 뮤지션 룩

(2) 레트로 패션(Retro Fashion)

레트로는 과거의 생각, 방법으로 후퇴한다는 '레트로그레시브(retrogressive)'의 축약어로 구식의, 패셔너블하게 향수를 일으키는 것, 과거 스타일이나 유행 스타일, 이와 관련된 것이나 재생을 말한다.

'레트로 룩(retro look)'은 과거의 패션이 업데이트되고 현재의 스타일로 이용되는 것을 말한다. 따라서 레트로 룩, 레트로 패션, 레트로 스타일은 과거의 스타일로 단순히 회귀하는 것이 아니라 재창조된 스타일이다(Kwon, 2015).

레트로 패션의 표현특성과 의미를 정리하면 다음 표와 같다.

레트로의 특성

표현 특성	의미
• 원형과 아이콘 현대적 재현: 디자인 계승과 재해석 • 스타일 재해석: 조형 요소 활용, 스타일 변화, 차용 • 감성 재현: 시대적인 패러디, 시대 향수 재현, 아날로그 감성 전달 • 절충과 융합: 요소 재조합, 패스티쉬, 브리콜라주	· 과거 회상 및 감성 재경험 · 과거와 현재 연결, 공유 · 역사와 유산의 가치 계승 · 개성 표현

↓

레트로의 특성
재창조를 통한 새로움 추구

Figure 1. 구찌 2014 FW. From Phelps. (2014a). https://www.vogue.com

Figure 2. 생 로랑 2014 FW. From Blanks. (2014a). https://www.vogue.com

Figure 3. 생 로랑 2015 SS. From Phelps. (2014c). https://www.vogue.com

Figure 4. 레베카 밍코프 2015 FW. From Anderson. (2015). https://www.vogue.com

Figure 5. 발망 2015 FW. From Phelps. (2015b). https://www.vogue.com

Figure 6. 구찌 2016 SS. From Mower. (2015). https://www.vogue.com

Figure 7. 루이 비통 2016 FW. From Phelps. (2016b). https://www.vogue.com

Figure 8. 셀린 2017 SS. From Mower. (2016d). https://www.vogue.com

Figure 9. 마크제이콥스 2017 FW. From Phelps. (2017). https://www.vogue.com

Figure 10. 마크 제이콥스 2018 FW. From Phelps. (2018b). https://www.vogue.com

2010년대 레트로 패션 (2014 SS 2018 FW 컬렉션) 박은경(2019, p.116)

2014 SS~2018 FW 컬렉션에 나타난 레트로 경향

<table>
<tr><th colspan="2">시즌</th><th>표현 대상 시대</th><th>중점 표현 및 패션 아이콘</th></tr>
<tr><td rowspan="2">2014</td><td>SS</td><td>80년대</td><td>80년대 캘리포니아 소녀풍, 스포티, 팝스타 스타일
스포티 룩과 글램</td></tr>
<tr><td>FW</td><td>60년대</td><td>60년대풍 미니 드레스, 무릎길이 부츠, 70년대 글램
에디 세즈윅</td></tr>
<tr><td rowspan="2">2015</td><td>SS</td><td>70년대</td><td>70년대 보헤미안 룩
비앙카 재거, 알리 맥그로우, 조니 미</td></tr>
<tr><td>FW</td><td>70년대 + 80년대</td><td>글램, 보호, 파워 수트, 뉴웨이브
비앙카 재거, 패티 스미스, 발망 아카이브</td></tr>
<tr><td rowspan="2">2016</td><td>SS</td><td>여러 시대 혼합</td><td>개인 스타일링 강조, 맥시멀리즘 + 90년대 슬립 드레스</td></tr>
<tr><td>FW</td><td>80년대
(+90, 30, 40, 70년대)</td><td>어깨 과장, 보헤미안, 맥시멀리즘, 글램, 로맨틱, 80년대 쿠튀르, 90년대 슬립 드레스,
70년대 스포츠, 르네상스, 여러 시대 혼합
웅가로, 이브생 로랑, 라라 크로포드</td></tr>
<tr><td rowspan="2">2017</td><td>SS</td><td>80년대
(+70, 50, 60)</td><td>파워 드레싱, 로고 등 80년대 레트로, 70년대와 타 시대 혼합. 여러 시대 혼합
보헤미안, 플레어바지, 플랫폼 슈즈, 스포티, 50년대 비키니, 60년대 핏 앤 플레어
실루엣, 60, 70년대 프린트, 웨지 힐</td></tr>
<tr><td>FW</td><td>80, 90년대 + 70년대
(+60, 50년대)</td><td>시대 혼합 레트로 경향 강함. 80년대 오마주, 여러 시대 절충
어깨 과장, 빈티지 무드와 꽃무늬, 70년대풍 무늬와 소재, 복고풍 모자, 60년대 부츠,
90년대 힙합</td></tr>
<tr><td rowspan="2">2018</td><td>SS</td><td>80년대
(+70, 90년대)</td><td>어깨 과장, 80년대풍 글램. 트랙 수트와 트레이너 슈즈
다이애나 황태자비, 엘튼 존(70년대 무대의상)</td></tr>
<tr><td>FW</td><td>80년대
(+70, 60년대)</td><td>오버사이즈, 어깨 과장, 멀티 레이어드, 강렬한 무늬와 글램, 로고, 롱 앤 린 실루엣,
크로쉐, 시어링, 스웨이드, 금속
80년대 베버리 힐즈 부인, 70년대 여배우들, 에디 세즈윅</td></tr>
</table>

출처 : 박은경(2019, p.117).

Figure 31.
루이비통 2015 SS.
From Phelps. (2014d).
https://www.vogue.com

Figure 32.
루이비통 2015 SS.
From Phelps. (2014d).
https://www.vogue.com

Figure 33.
샤넬 2017 FW.
From Mower. (2017c).
https://www.vogue.com

Figure 34.
프라다 2015 SS.
From Blanks. (2014b).
https://www.vogue.com

Figure 35.
프라다 2017 FW.
From Mower. (2017b).
https://www.vogue.com

Figure 36.
발렌시아가 2017 SS.
From Mower. (2016e).
https://www.vogue.com

Figure 37.
이자벨 마랑 2017 SS.
From Nnadi. (2016).
https://www.vogue.com

Figure 38.
구찌 2016 FW.
From Mower. (2016a).
https://www.vogue.com

Figure 39.
구찌 2017 FW.
From Mower. (2017a).
https://www.vogue.com

2014 SS~2018 FW 컬렉션. 박은경(2019, p.121–122)

2010년대 레트로 패션의 미적 특성

<table>
<tr><th colspan="2">표현 특성</th><th rowspan="2">의미</th></tr>
<tr><th>표현</th><th>내용</th></tr>
<tr><td>원형과 아이콘 현대적 재현: 시대의 패션 아이콘 스타일, 하우스 작품 재현</td><td>비앙카 재거, 에디 세즈윅, 다이애나 황태자비, 엘튼 존, 생 로랑 패션 하우스의 상징적 작품</td><td rowspan="4">• 미학적, 감성적으로 흥미로운 과거 회상 및 감성 재경험
• 과거와 현재 연결, 세대간 공유, 과거 가치 존중
• 패션의 역사와 유산의 가치 계승
• 개성 표출</td></tr>
<tr><td>스타일 재해석: 시대 대표 스타일 현대적 해석</td><td>60년대 미니스커트, 부츠/70년대 팬츠 수트룩, 소재, 실루엣, 글램 스타일/80년대 파워 수트, 스포티 스타일/90년대 슬립 드레스, 힙합 스타일</td></tr>
<tr><td>감성 재현: 아날로그 감성 재현</td><td>아날로그 감성을 전달하는 소재, 기법, 음악, 런웨이 배경</td></tr>
<tr><td>절충과 융합: 다양한 요소들의 절충, 융합</td><td>다양한 시대와 문화, 스타일을 절충, 융합
맥시멀리즘 미학 표현</td></tr>
</table>

↓

2010년대 레트로 패션의 미적 특성
공감할 수 있는 새로움

출처 : 박은경(2019, p.124).

(3) 블루진(Blue Jean)의 유행

청 재킷에 청바지를 입는 청청(靑靑)패션, 치마바지 등이 유행하였으며, 7부 바지와 젤리 슈즈(Jelly Shoes)가 유행하였다.

데님 패션

(4) 애니멀 프린트(animal print)의 유행

애니멀 프린트, 가죽 등을 찾는 사람이 늘어 호피 무늬, 표범 무늬를 모티프로 한 프린트까지 다채롭게 유행하였다.

애니멀 프린트 유행

(5) 다운 점퍼(down jumper)의 유행

'다운 점퍼'는 몇 년 동안 꾸준하게 겨울 최고의 패션 아이템으로 인기를 끌었고, 야상 점퍼는 밀리터리 브랜드를 바탕으로 등장한 패션 아이템으로 많은 여성복이나 캐주얼 브랜드에서 선보였다.

이외에 아디다스 3선 트레이닝 바지, 나이키와 협업하였던 '칸예 웨스트(가수, 음악 프로듀서)'가 아디다스로 이적해 발표한 이지 부스트(Yeezy Boost) 시리즈(아디다스 신발), 워터파크에서 남녀불문하고 입은 래쉬가드(rash guard : 수영복 재질의 긴팔 수영복)가 인기를 끌었다.

2011년 이슈 키워드는 일명 학부모들의 경제적 심리적 부담을 준다고 해서 '등골 브레이커' 라고 불리운 '노스 페이스(the north face)' 등산 점퍼가 십대 청소년들이 등교복으로 입는 현상이 유행하였다,

2012년 키워드로는 '쇼미더 머니(Show me the money)', '오가닉(Organic)', '한미 FTA', 싸이의 '강남 스타일'이다.

쇼미더 머니는 힙합 전문 뮤지션을 선발하는 오디션 프로그램으로 당시 래퍼, 뮤지션들과 전문 댄서들의 패션 아이템과 룩과 스타일이 유행하였다.

2018년 '평창 동계 올림픽' 개최로 인해 선수들이 출전 이전 벤치에서 주로 착용하던 벤치 코트(bench coat)가 크게 유행하였다.

(6) 동안(童顔: Baby Face) 메이크업 신드롬

스모키 아이(smoky eye) 메이크업

2010년대 메이크업의 대표적인 특징으로는 '뉴트로(newtro)' 콘셉트이다. 현대적인 유행을 따르면서도 과거 유행된 화장 유행을 다시 불러들여 현대적으로 재해석하거나 리믹스한 새로운 화장법이 대중들에게 사랑받았다.

2010년대의 메이크업 트랜드는 전반적으로 앞서 기술한 2000년대 풍의 유행 경향을 이어나갔는데, 키워드로는 '동안(童顔)'이었으며 한 듯, 안 한 듯한 자연스러워 보여 마치 잘 관리받은 본인의 원래 피부인 듯 정교한 기법을 요구하였다.

액티브 에이징(Active Aging)

'동안(童顔)'이란 해부학적으로 나이가 들면서 생기는 여러 변화를 겪지 않은 것처럼 동그랗고 넓은 이마, 작은 코, 작은 입, 작은 턱, 자연스러운 눈썹, 맑고 동그란 눈, 통통한 볼의 전형적인 유아적 면상(面像)의 특징을 가지고 있는 얼굴을 말한다.

상안(上顔) : 중안(中顔) : 하안(下顔)의 비율이 1 : 1 : 08로 하안이 짧으며, 얼굴의 가로, 세로 비율은 한국인 평균 얼굴 비율인 1 : 1.3보다 더 둥글다.

2000년대부터 초고속 인터넷 보급률 1위를 고수하고 있는 한국의 고도화된 인터넷 환경은 디지털 카메라 문화, 디지털 사진 등의 공유를 손쉽게 해주었고, 사이버 공간과 결합시킴으로써 사진을 이용하여 쉽고도 효율적으로 '자기표현'을 할 수 있도록 지원하는 개인 홈페이지나 블로그와 같은 개인 미디어들이 등장하였다.

여기에 대중매체가 합세함으로써 '동안'은 급격한 붐을 일으켰고, 저출산. 고령화 형태로 사회 구조가 변함에 따라 '새로운 것'과 '젊음'이 추앙받는 사회는 '동안'을 살아남기 위한 생존전략으로 만들면서 2005년도 이후부터 2010년대 전반에 이르기까지 국내에서 뜨거운 파급효과와 미의식에 대한 인식전환과 더불어 열풍으로 번지게 되었다.

개인화 커뮤니티 지향의 새로운 인터넷 트렌드에 사용자들은 개방적 자기표현을 하게 되고 '직찍', '얼짱', '셀카', '생얼' 등의 유행어를 만들어내며 동안 요소의 놀이문화를 생성하게 되었다. 특히 개인 중심으로 신변잡기 정보들이 주로 관리되는 미니홈피의 경우 사진과 짧은 글을 통해 남에게 나를 알리는 자기 PR의 수단이 되며, '얼짱' 문화와 함께 스타마케팅의 도구로 활약하며 '쌩얼'이라는 신조어를 만들어내기도 하였다.

'얼짱'은 "얼굴이 짱(가장) 예쁘다", "얼굴이 잘생긴 사람"이라는 뜻으로 청소년들 사이에서 은어로 사용되어 오다가, 2003년 네티즌들이 인터넷상에서 떠돌던 사진의 일부 주인공들을 얼짱으로 칭하기 시작하면서 대중화된 용어이다(김장희, 2005).

또한 '얼짱 각도'는 사진이 잘 나오는 각도로 얼굴을 살짝 아래로 기울여 턱이 짧아 보이게 하고 눈을 강조하여 얼굴 비율상 이마 길이가 길고 턱의 길이는 짧으며, 눈이 크고 동그랗고 입술은 도톰하게, 볼살이 통통하게 보여 실제보다 더 어려보이게 찍히는 각도를 의미하며, 이는 동안적 요소를 반영하고 있다.

2010년대 이후 출산율 저화와 노년층의 비율이 늘어나면서 노년층의 노동력을 활용히는 것이 필수인 사회의 변화상과 맞물려 젊어 보이기 위한 노력이 덩달아 일어나고 있는 것으로 보인다.

다시 말해 동안이란 것이 얼굴만 어려 보이는 것에 한정되는 것이 아니라 전반적인 '신체의 젊음이나 건강함'을 가꾸는 것과 깊은 관련이 있기 때문이다.

동안 열풍이 뷰티 트렌드에 미친 영향을 살펴본 결과는 다음과 같다.

'쌩얼', '물광', '빛광'과 같은 뷰티 신조어가 탄생하였고, 피부 질감이 강조되는 메이크업 패턴으로 변화하였다. 또한 화장품 시장의 확대 및 다양화를 초래하였고, 제품 출시 동향의 변화를 가져와 프라이머(Prine)나 비비(Blemnish Balm)크림, 립 플럼프(Lip Plump)와 같은 새로운 화장품을 만들어냈으며, '안티에이징(Anti-aging)' 제품이 다양화되는 결과를 가져왔다.

화장품 구매 동향에서도 동안을 위한 제품들이 베스트셀러(Best Seller)로 올랐고, 화장품 광고도 동안을 주제로 하여 브랜드명과 슬로건, 광고 문구를 내세우는 양상을 보였다. 또한 흠집이나 결점 없는 완벽하고 깨끗한 피부에 대한 근본적인 개선을 추구하기 시작하면서 뷰티-'트리트먼트 클리닉'과 '성형 수술'에까지 '동안 시술'이 활성화되었다.

피부

소프트 스모키 아이 메이크업 눈썹(면을 채우는)

립

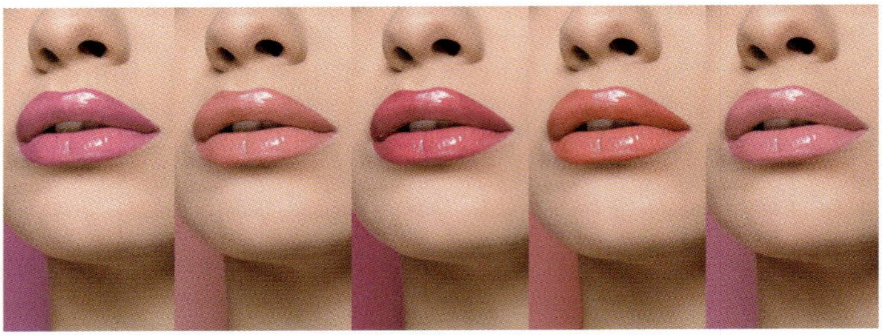

동안 메이크업

(7) 메이크업

로맨틱 미니널리즘, 레트로(Retro) 메이크업, 뉴트로(Newtro), 동안(童顔) 메이크업 등이 유행하였다.

메이크업의 색감, 질감, 스타일 등에서 획일화 경향에서 벗어나 개인의 나이, 육체적 특성, 기호, 활동 등에 따른 맞춤형 메이크업 시대였다. 또한 다양한 질감의 메이크업 유행, 베이스 메이크업의 자연스럽고 샤이니한 질감, 탄력 있는 피부와 건강미 강조되었다.

(8) 헤어스타일

여자 헤어스타일은 배우 고준희, 한예슬, 윤아 등 연예계 트렌드 세터(trend setter)들이 한 번씩은 해봤다는 '발룬 펌(baloon perm)'이 유행하였다. 발룬 펌은 단발머리에 S자로 굵은 웨이브를 넣어 여성스러움과 귀여운 이미지를 동시에 연출할 수 있는 점이 특징이다.

남자 헤어스타일은 바가지 머리와 튀어나온 옆 통수와 뜨는 옆머리를 보완한 '투 블럭(two blocks)' 스타일이 유행하였다.

2010년대 여성 헤어스타일

3 2020년대

1) 사회 · 문화적 배경

2019년 이슈로 '노노 재팬(No No Japan)'과 경기침체 등이 있다. 이러한 현상은 상당 기간 지속되었다. 전 세계를 팬데믹으로 빠뜨린 코로나 19 확산에 따라 건강이 주요 이슈로 떠올라 생활 습관, 식생활, 라이프스타일까지 달라지고 있으며, 건강과 환경을 중요하게 여기는 문화가 화장품 제조와 사용으로까지 인식변화를 일으키고 있다.

현대의 소비자들은 책임 있는 소비에 대해서 인식하고 있으며, 이는 소비자들의 제품 구매 패턴과 라이프스타일을 새롭게 바꾸고 있다는 것을 의미한다. 화장품 산업 분야에서는 동물을 위한 복지와 재사용이 가능한 포장재의 사용, 지속 가능한 원료 조달, 천연원료를 사용, 원료의 깨끗하고 안전한 배합, 효율적인 물(Water)의 사용방안 등의 여부를 소비자들이 중점적으로 살펴보고 있다.

비건(Vegan), 엄격한 채식주의자를 뜻하는 말로 이제는 단순히 먹는 것에 그치지 않고 '비거니즘'이라는 트렌드로 뷰티 및 패션업계에 하나의 라이프스타일 키워드로 자리매김하고 있다. 이렇게 소비자들의 지속 가능성에 대한 탐색을 제품에 그치지 않고, 제품을 만드는 기업에 대한 이미지와 인식으로까지 확대되고 있다. 따라서 이제는 뷰티 브랜드들이 사회적 책임에 대한 진보적인 면모를 적극적으로 소비자들에게 드러내야 하는 시점이다.

동물성 원료를 사용하지 않는 '크루얼티 프리(Cruelty Free: 화장품 약품 등이 동물 실험을 거치지 않고 개발된)' 화장품이 전 세계적인 트렌드로 자리 잡았으며, 채식주의자를 가리켰던 비건은 이제 단순히 채식을 통한 건강 영위에 그치지 않고 비건 화장품의 인기까지 리드하고 있다.

뷰티 산업 분야에서는 뷰티 크리에이터의 유튜브의 활성화, 뷰티 인플루언서의 활약, 온라인 뷰티시장, 뷰티 교육의 온라인화, 뷰티 디바이스, 먹는 콜라겐, 이너뷰티, 디톡스, 클린뷰티, 남성 화장품의 성장 등의 다양한 키워드를 중심으로 뷰티 산업이 발전하고 있다.

이너 뷰티(Inner Beauty)

디톡스(detox)

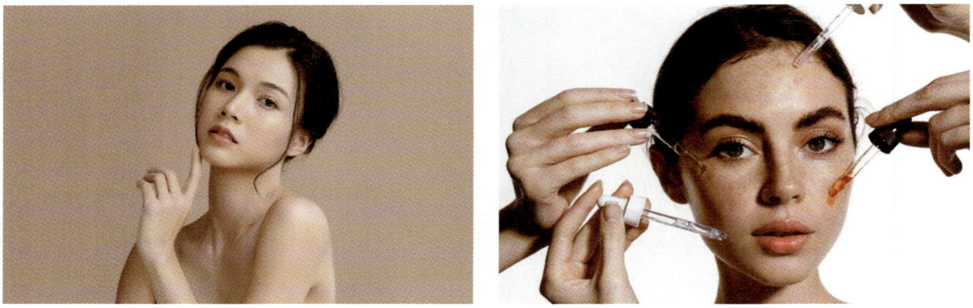

클린 뷰티(Clean Beauty)

남성 화장품

2022년 뷰티 분야에서는 '꾸안꾸'를 지향하는 경향이 높았다. '꾸안꾸'는 '꾸민 듯 안 꾸민 듯 자연스러운 것'을 의미하는데, 예전처럼 눈에 확 띄게 꾸미는 것보다 전반적으로 내추럴을 추구하는 경향이 높으며, 뉴트럴을 지향하는 경향, 'MLBB(My Lip But Better)'의 '내 입술같이 자연스러우면서도 본래의 입술보다 더 좋아 보인다'는 의미로서 뷰티 분야에서는 다양한 신조들이 파생되고 있다.

(1) 코로나 바이러스 유행

코로나 바이러스 감염증-19가 2020년 1월부터 본격적으로 유행되었다. 2020년 3월 12일 WHO의 사상 세 번째 팬데믹을 선언한 그 누구도 예상하지 못한 혼란으로, 21세기 최악의 팬데믹(pandemic, 세계적으로 전염병이 대유행인 상태. 세계보건기구(WHO)의 전염병 경계 단계 중 최고 위험 등급)으로 인해 국제 행사들이 최초로 연기되는 사태가 벌어졌고, 역설적으로 비대면 플랫폼 시장을 비롯한 각종 종교, 정치, 교육, 경제계의 비대면 활동이 예상보다 빨리 본격화되었다.

2019년 11월 중국 후베이성 우한시에서 처음 발생하여 보고되었다. 새로운 유형의 변종 바이러스인 SARS-Cov-2에 의해 발병한 급성 호흡기 전염병으로 2020년 1월 이후 아시아권부터 퍼지기 시작하였다. 2월 중순부터 전 세계로 퍼지기 시작하여 3월까지 전 세계 모든 국가 및 대륙으로 확산하여 수많은 확진자와 사망자를 기록하였다.

세계보건기구(WHO)는 2020년 1월 31일 국제적 공중보건 비상사태를 선포하였고, 2월 28일부터 코로나 바이러스 감염증 19의 전 세계 위험도를 '매우 높음'으로 격상하였으며, 3월 11일 '범유행 전염병'으로 선포하였다.

코로나 바이러스 19

(2) 인공지능(Ai) 기술 활용

잼 페이스는 2021년 9월 '퍼스널 컬러' 매칭 서비스를 선보였다. 스마트폰으로 본인 피부를 진단하면 이를 바탕으로 화장품을 추천해주는 앱으로 2021년 해외 진출을 본격화해 글로벌 뷰티 플랫폼으로 도약하였다.

알리바바가 '챗GPT'와 유사한 생성형 인공지능(AI) 모델 '통이 첸원(Tongyi Qianwen)'을 출시하였는데, 데모 영상에서 쇼핑객에게 구매할 메이크업 종류를 조언하는 모습을 선보였다.

인공지능을 활용한 애플리케이션

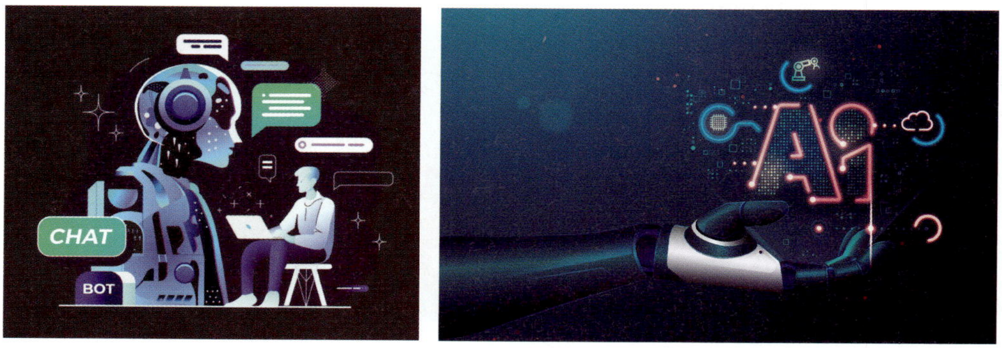

인공지능(AI)

(3) MZ세대의 등장

2022년 기준 〈통계청〉 자료에 의하면, M세대(20.6% : 10,330천 명), Z세대(11.9% : 5,969천 명)로 전체 인구의 32.5%를 차지하고 있으며, 2022년 〈한국언론진흥재단〉 보고에 의하면, 20대 인구층의 SNS 이용률은 72. 1%로 나타났다.

'MZ세대'는 1980~1994년도에 태어난 밀레니얼 세대(M세대)와 1995~2005년에 태어난 'Z세대'를 통칭하는 말이다.

한국 리서치가 조사한 바에 따르면, MZ세대는 연령 차원으로 정의하는 방식보다는 '디지털 환경에 익숙하고 최신 트랜드와 이색적인 경험을 추구하는 특징'을 보이는 특성 차원으로 설명하는 방식이 더 적절하다. MZ세대의 연령대는 16~31세라고 답해 미디어 등에서 정의하는 MZ 세대 연령대(만 18세~42세)와는 큰 차이를 보였다.

그들은 디지털 환경에서 태어나거나 성장해, 인터넷 없는 삶은 생각조차 할 수 없는 '디지털 네이티브(digital native)'이며 스마트 기기 보유와 미디어 서비스 이용에 익숙한 세대다. 인터넷과 SNS를 통한 정보획득과 공유, 소통 및 공감에 익숙하고, 2.30대의 경우 인스타그램, 페이스북, 밴드 순으로 이용률이 높았다. 20대의 경우 58.0%가 인스타그램을 이용하는 것으로 나타났다.

특히 MZ세대의 SNS 일상화와 인증샷 문화, 코로나 19로 인한 건강에 대한 관심 증대와 MZ세대가 처한 사회경제적 여건, 미적 기준의 강화와 확산 등은 당시 뷰티 문화 형성 및 파급에 많은 영향을 미치고 있다.

정보통신의 발전과 함께 성장한 MZ세대는 자유롭게 토론하고 각자의 의견을 빠르게 전달할 수 있는 소통방식을 선호하며, SNS를 통해 인간관계를 형성하는 것에 익숙해져 사회적 관계 유지 및 자기표현의 수단으로 활용되고 있다(우혜진, 2017).

밀레니얼 세대는 고사양 스마트폰과 태블릿 PC, 웨어러블 기기 등 스마트 기기 보유율이 단연 높고, OTT와 SNS, 콘텐츠 구독 서비스도 가장 활발하게 이용하고 있으며 온라인 활동을 많이 한다.

한국 미디어 패널 조사에 의하면 2010년대부터 매년 실시되는 동일 표본 추적 조사로 2022년에는 4,128가구 및 9,941명 개인을 대상으로 미디어 기기 보유 현황, 서비스 기업 및 지출 현황, 미디어 활용 현황, 미디어 다이어리 등을 조사하였다.

본 보고서에 나와 있는 MZ세대의 미디어 이용 특징 분석은 다음과 같다.

밀레리얼 세대의 스마트폰 보유율은 100%로 90.8%가 고사양 스마트폰(5G, LTE-A)을, 32.2%가 테블릿 PC를, 21.2%가 스마트 워치를 보유하고 있다.

Z세대의 98.4%가 스마트폰을 46.4%는 테블릿 PC를, 11.7%는 스마트 워치를 보유하고 있다. 밀레니얼 세대의 OTT 이용률은 99.1%, 서비스 이용 개수는 2.1개, 하루 평균 이용 시간은 주중 기준 1시간 17분으로 다른 새대에 비해 가장 활발하게 이용하고 있다.

SNS 이용률은 87.9%로 가장 높고, 하루 평균 이용시간은 주중 평균 39분(메타버스는 3.0%), Z세대의 OTT 이용률은 95.7%, 서비스 이용 개수는 1.9개, 하루평균 이용 시간이 주중 평균 1시간 25분으로 나타났으며, SNS 이용률은 78.3 % 하루 평균 이용 시간이 주중 평균 51분으로 나타나, OTT와 SNS 서비스 이용시간이 다른 세대에 비해 가장 긴 것이 특징이다(김윤화, 2023).

(4) 지구(환경)을 생각하는 비건 뷰티(Vegan Beauty)

보기 좋게 포장된 화장품 패키지는 과대 포장이 분명하고, 우리 피부를 지키기 위한 자외선 차단제에 든 특정 성분은 산호초의 기형과 백화(白化) 현상을 일으킨다.

뷰티업계 역시 절실한 변화의 필요성을 깨닫고 이제는 선택이 아닌 필수로 스킨케어는 물론 색조 메이크업까지 다양한 비건 제품을 출시하고 있다.

비건 뷰티

(5) 마스크로 인한 트러블 케어 제품 출시

코로나 19로 인해 마스크가 닿는 입술 주변과 볼 피부의 습도와 온도가 높아지고 잦은 접촉으로 인해 생긴 피부 트러블로 걱정하는 이들이 많아졌다.

뷰티 브랜드는 다양한 트러블 케어 제품을 선보이고 있는데, 그중에서도 민감한 피부를 진정시키는 데 도움을 주는 성분의 제품을 다양하게 선보이고 있다. 또한 마스크 착용으로 인한 피부 트러블을 잠재우는 데 필수 스킨 케어 아이템으로 자리 잡았다.

안티에이징(anti-aging)

2020년 코로나-19로 인해 사회 곳곳에서 비대면 문화가 태동하기 시작하였는데, 2020년대에 학창시절을 보내는 2010년대생들은 이러한 비대면 문화에 직접적인 영향을 받게 되었다. 코로나 팬데믹 이후 여러 차례 등교 중지가 반복되며 교육 방식이 오프라인에서 온라인 수업을 대부분 넘어가게 되었는데, 이 시기에 처음 학교생활을 시작한 2010년대생들은 온라인 수업에 익숙해졌다. 이로 인해 코로나-19 이전 교육 커리큘럼에 포함되어 있는 수학여행, 수련회, 운동회, 현장체험학습 등 단체 야외활동 등을 전혀 하지 못했고, 대면 수업 자체도 이전처럼 재개되지 못하고 있어 이 시기 처음 단체생활을 익히는 세대의 여러 부작용도 사회적 문제가 되고 있다.

2) 패션

2019년도의 패션 트렌드를 요약하면 다음과 같다. '메가 트렌드(Mega Trend)'로는 뉴트로와 지속 가능성이 유행이었고, 이에 동조하듯 서브(sub) 트렌드로는 '젠더리스(genderless)'와 '뉴트로(Newtro)' 등이 그 특징이다.

유행과 패션에 민감하고 패션 트렌드에 걸맞은 스타일을 연출하려면 가장 먼저 체크해야 되는 것이 유행 컬러이다. 팬톤이 선정한 1위 컬러는 '클래식 블루'이며, 이는 성별을 불문하고 여성복과 패션 아이템에 활용되는 경우가 많다.

클래식 블루, 파스텔 컬러, 레더 소재, 새틴 소재, 네이처 무드, 오버 사이즈 빅백, 포켓, 플라워 프린트, 솔리드, 퍼프 소매, 애니멀 프린트, 쇼트 팬츠, 젠더리스 등 다양한 키워드들이 여성 패션 트렌드를 파악하는 요소들이다.

에티컬(ethical: 윤리적인, 도덕적으로 옳은 패션)

2020년대 진(Jean)의 복귀, 부활

젠더리스(genderless)

뉴트로(Newtro)

(1) 네이처 무드(Nature Mode)

다양한 매체에서 2020년 패션 트렌드에 대해서 '네이처 무드'를 제시했다. 이는 한 마디로 '친자연주의(親自然主義)'를 의미하는 것이며, 특히 S/S 시즌을 대표하는 큰 트렌드로 해석되고 있다. 색감이 특정한 계열이나 톤으로 한정되는 '얼씨룩(Earthy Look)', 그에 어울리는 친환경적인 패턴이 주를 이룰 것으로 예측할 수 있다.

흔히 봄에는 화사한 분위기에 어울리는 파스텔톤과 브라이트톤의 컬러가 주를 이루었다면 2020년에는 '네이처 무드(nature mood)'라는 풍부롭고 자연스러운 색감이 유행하였다.

네이처 무드란 흙, 꽃, 풀잎, 나무, 동물 등의 자연 소재에서 얻은 컬러와 패턴을 디자인에 접목하는 것을 의미한다. 2020 S/S 트렌드는 네이처 무드를 중심으로 각종 자연계 패턴과 색감이 원단을 수놓은 듯한 친자연주의적인 패션이 유행하였고, 자연을 소재로 한 하늘을 나는 새, 과감한 레오파드나 지브라 문양의 '애니멀 프린트(animal print)', 천연소재인 면, 린넨 등 의상 등이 지속적인 선호도가 있었다.

얼씨 룩(Earthy Look)

(2) 그린(Green) 컬러(Color)

패션전문 회사, '엘르(Elle)'가 첫 번째로 선정한 네이처 무드는 많은 디자이너들이 2020년의 대표 컬러로 제시한 그린 컬러이다. 이 컬러는 초록빛 자연과 신선하고 청량감 있는 숲을 연상시키는 선명하고 채도 높은 그린 컬러를 원 톤으로 풀 코디(Full Coordination) 연출한 룩을 제안하고 있다.

제안한 그린 컬러는 고채도의 선명한 컬러이지만 기타 여러 컬러와도 잘 어울리는 그린 컬러의 특성상 상하의를 풀 코디로 연출하였을 때는 다소 심심하고 지루한 느낌을 줄 수 있어 블랙 또는 화이트 컬러로 분리 배색을 한다거나, 그린 컬러를 악센트 컬러 또는 가방, 구두 같은 패션 아이템으로 활용하는 것도 멋스러운 패션 코디가 될 수 있다.

그린 컬러의 다양한 채도와 명도 등을 고려해 다채로운 그린 패션을 연출할 수 있다.

그린 컬러

(3) 클래식 블루(Classic Blue)

세계적인 컬러 연구소 팬톤은 2020년 유행 컬러로 '클래식 블루(팬톤 색상 번호 10-4502)'를 선정했다. 클래식 블루는 중명도, 저채도의 차분한 컬러로서 세련된 컬러인 만큼 다양한 스타일과 다양한 색상과도 매치하기도 쉽고, 개성을 표현하기에도 유용하다.

특히 동양인의 노르스름한 피부톤에 잘 어울리는 클래식 블루는 2019년에 유행했던 톤온톤(tone on tome) 패션의 '청청 패션'에 활용하면 멋스러운 연출이 가능하다.

컬러 코디는 주로 아이보리, 베이지, 브라운과 같이 따뜻한 색감의 컬러와 함께 매치하면 단정한 느낌을 주고, 데님 소재로 톤온톤 배색기법을 활용하면 유행을 타지 않는 캐주얼한 스타일을 연출할 수 있어 꾸준히 사랑받는 컬러이다.

클래식 블루

보그 코리아 2020년에는 '클래식 블루'(https://www.vogue.co.kr/2019/12/06/2020%EB%85%84%EC%97%90%EB%8A%94-%ED%81%B4%EB%9E%98%EC%8B%9D-%EB%B8%94%EB%A3%A8/)

(4) 뉴트로(Newtro) 스타일

뉴트로 스타일

① 다시 돌아온 애니멀 프린트

애니멀 프린트, 레오파드가 더욱더 돋보여서 다양한 패션 브랜드에서 애니멀 프린트를 소재로 패션아이템을 표현했다.

2010년대 패션에서는 레오파드와 같은 애니멀 프린트가 포인트 개념으로 디자인되었다면 재해석된 2020년대에서는 상·하의와 함께 아우터, 액세서리까지 다양한 아이템으로 스타일링하였다. 또한 애니멀 프린트의 매력은 섹시하면서 와일드한 느낌을 표현할 수 있다.

② 찢청은 영원히, 다시 돌아온 데님

찢청 스타일

③ 화려한 색상의 네온 컬러, 다시 주목받다

킴 카사디안, 켄달 제너 등 유명한 셀럽들이 다시 네온컬러의 패션아이템을 매치하면서 라임그린, 레몬옐로우 같은 독특하면서 개성이 강한 컬러감들이 유행하였다.

④ 하이웨이스트 팬츠, 다시 부활

하이웨이스트 팬츠는 2010년 패션 중 HIT 아이템이었다.

⑤ 짧은스커트에서 다시 돌아온 미디스커트

다시 돌아온 미디스커트는 체크패턴으로 되어있는 클래식한 스타일까지 취향별로 고를 수 있었다(https://post.naver.com/viewer/postView.naver?volumeNo=27717937&memberNo=47110751).

3) 메이크업

2020 S/S 컬렉션 모델들의 피부톤은 한결 정돈되고 매끈해졌다. 피부에 결점은 가리되 두껍지 않은 내추럴 피부 표현으로 페이셜 라인과 이목구비 본연의 굴곡과 광을 살렸다. 마치 2010년대 유행했었던 윤광과 '물광 메이크업'의 '뉴트로'라고 볼 수 있다.

(1) 2020 메이크업 S/S 트렌드

① 뉴트럴 시크(neutral chic)

코비드 19로 인한 마스크 착용으로 새로이 등장한 트렌드

완벽한 커버력보다는 자연스러운 피부톤 지향

자연스러운 눈매 연출과 펜슬 아이라이너의 사용, 아이브로와 속눈썹 결을 살린 메이크업

② 번트 컬러(burnt color)

마스크로 얼굴을 가리고 있는 시간이 길어지며 눈에 포인트를 준 메이크업이 주목받게 되며, 톤 다운된 레드 브라운의 번트 컬러가 립, 아이섀도, 블러셔까지 인기가 있다.

③ 메이크업의 젠더리스(genderless)

메이크업의 젠더리스 현상이 부각되고 있다.

뷰티와 패션에 관심이 많아 자기관리에 철저한 남성들은 비비크림, 아이브로우, 수정용 쿠션 등을 파우치에 소장하고 다닌다.

④ 톤업(Tone Up) 크림의 진화

피부톤을 자연스럽게 한두 톤 밝게 해주는 용도로 쓰여진다.

최근에는 자외선 차단기능과 퍼스널 컬러에 적합한 다양한 컬러의 톤업 크림이 출시되고 있다.

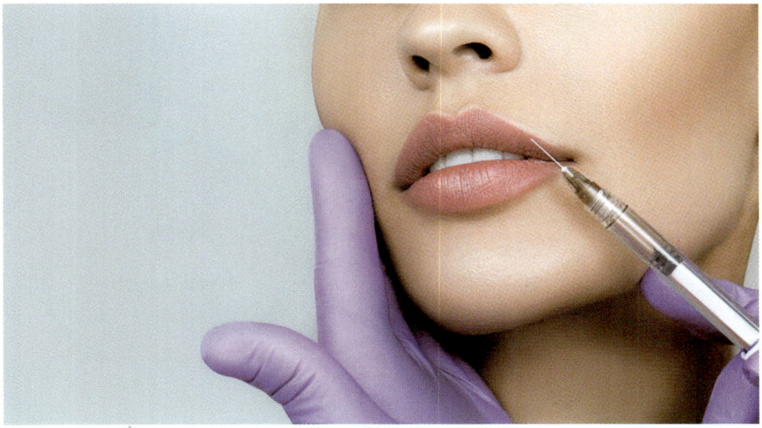

안티에이징(Anti-Aging) 미용 시술

웰니스(wellness)는 웰빙(Well-being)과 건강을 뜻하는 피트니스(Fitness)의 합성어로 신체적, 정신적, 사회적 건강의 균형잡힌 상태나 이를 추구함

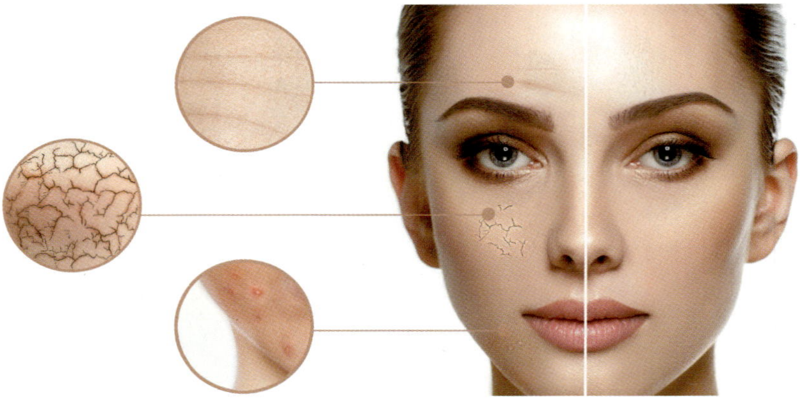

피부결 질감 표현 강조

(2) 2020~2022년

2020~2022년은 코로나 시대로 항시 마스크 착용하던 시기로 아이 메이크업에 집중하였다. 마스크 착용이 의무화되며 아이 메이크업의 비중이 커졌다.

2020년 패션 런웨이 모델들의 고정관념을 깬 컬러 아이 메이크업은 물론 마크 제이콥스와 베르사체, 피터 필로터 등의 런웨이에 선 모델들은 눈두덩이 위에 컬러풀한 아이섀도를 라이너처럼 그려 넣었고, 그 형태는 반원, 캣츠 아이 등 다양하였다.

또한 Y2K 세기말 감성을 듬뿍 담은 스타일을 선보여 화제를 모았다. 역시 뜨거운 Y2K 트렌드와 과감한 핑크 컬러 터치로 아이홀과 치크를 강하게 강조하면서 글리터와 스팽글 등의 빛나는 포인트로 발랄한 분위기를 느끼게 한다. 눈꼬리를 길게 빼는 아이라인이 특징이다.

① 내추럴 글로우 메이크업(Natural Glow Makeup)

㉠ 베이스 메이크업(Base Makeup)

내추럴 글로우 메이크업의 메인은 바로 이 베이스 메이크업부터 시작된다. 피부 보습을 촉촉하게 표현한 후 수분감이 있는 프라이머와 베이스로 이슬을 머금은 듯한 광채나는 피부 표현이 중요하다. 수분감이 있는 촉촉한 리퀴드 파운데이션이나 에어쿠션 팩트(Air Cushion Pact)를 사용하여 피부 표현을 최대한 얇고 투명하게 표현하고 자연스럽고 건강하게 빛나는 광채 피부를 완성하는 것이 포인트이다.

베이스 제품 선택 시 커버, 밀착, 지속에 비중을 두어야 하며, 완벽한 커버보다는 얇고 자연스러운 커버가 가능해야 한다. 또한 피부에 완벽히 밀착시켜 투명함과 글로우한 이미지로 촉촉하고 맑은 피부가 유지되도록 하는 것이 좋다.

뷰티한국 〈글로벌 메이크업 브랜드, '내추럴 글로우'에 빠지다〉 (로라메르시에, 엘르, http://www.beautyhankook.com/news/articleView.html?idxno=50262#0FZs)

힌스 글로우 업 콜렉션(https://www.fnnews.com/news/202003051037475832)

ⓛ 아이 메이크업(Eye Makeup)

내추럴을 지향하다 보니 아이 메이크업은 진한 아이라인보다는 자연스러운 음영으로 깊이 있는 눈매를 표현하는 것이 좋다. 아이섀도는 동양인의 노르스름한 피부와 잘 어울리는 브라운 컬러가 좋으며, 그중 가장 인기있는 피넛 버터(peanut butter) 컬러와 레드 브라운 계열의 번트 컬러(burnt color)를 활용하였다. 연출 방법은 피넛버터 컬러 아이섀도를 여러 번 덧발라 음영감을 살리면 편안하고 차분한 느낌을 주고, 여기에 비슷한 톤의 블러셔 혹은 누드 립컬러로 마무리하면 컬러의 통일감을 느낄 수 있다. 눈썹은 본인의 눈썹 모양을 최대한 살려 자연스럽게 채워주는 정도로 마무리하고, 마스카라를 이용하여 속눈썹을 섬세하게 채워준다.

피넛 버터 (Peanut butter) 컬러

레드 브라운 계열의 번트 컬러(bunting color)

아이 메이크업

ⓒ 치크와 립 메이크업(Cheek & Lip Makeup)

치크 메이크업은 촉촉한 베이스가 무너지지 않도록 크림이나 밤 형태의 촉촉한 제품을 사용하는 것이 좋고, 또 전체적으로 얇고 넓게 발라주어 자연스러운 혈색을 띠게 해주는 것이 포인트이다. 립 메이크업 역시 글로우하게 연출하는 것이 좋은데, 촉촉하고 투명한 립글로스를 사용하거나 촉촉한 립밤을 듬뿍 바른 후 립 제품을 사용해 반짝이고 건강해 보이는 입술을 만들어 준다. 이때 입술 전체에 컬러를 진하게 채색하기보다는 입술 안쪽에서부터 바깥쪽으로 그러데이션을 주어 입체감 있는 볼륨감을 연출해주는 것이 좋다.

립 메이크업

주간 코스메틱 제니파크 〈노윤서×힌스, 워터 리퀴드 글로우 립 메이크업 화보 공개〉
(힌스, http://www.geniepark.co.kr/news/articleView.html?idxno=49990)

㉣ 볼드 립 메이크업(Bold Lip Makeup)

볼드 립 메이크업은 내추럴 퓨어 메이크업과는 상반된 대담한 메이크업이며, 특히 립 메이크업을 강조하는 것이 특징이다. 대체적으로 동양인의 노르스름한 피부톤에 잘 어울리는 레드 컬러로 디자인된 화장품 케이스와 립스틱, 2020년 유행 컬러인 스칼렛 레드로 볼드 립 메이크업을 연출하는 것이 유행하였다.

(3) 2023년

2023년 베이스 메이크업 트렌드는 물광, 그 이상이었다. 방금 샤워한 것처럼 촉촉하고 맑은 것으로는 부족하다. 글레이즈도 도넛이나 젤리처럼 탱글탱글하고 매끄럽거나 은하수처럼 오묘하게 빛나야 한다.

특히 2023년 상반기에 눈두덩이에도 립글로스를 바르는 등 글로시한 메이크업이 유행하였다. 말린 장밋빛의 톤다운된 컬러가 모든 계절의 여성을 더욱 아름답게 만들어주어 마치 내 입술과 같은 'My Lip But Better'라는 의미로 선명한 꽃분홍이 아닌 브라운 컬러가 살짝 가미된 오묘하고 다양한 톤의 아이섀도부터 치크, 립까지 제품군 역시 다양하게 선보였다.

한 번의 터치로 혈색을 주고, 어떤 스타일에도 어우러져 실패가 없는 메이크업을 완성해준다. 또한 1990년대 룩이 다시금 떠오르고 있다.

Glossy M/U MLBB 립

4) 헤어스타일

뉴트로가 유행했던 2019년은 허쉬 커트(Hush Cut)를 비롯한 레이어드 스타일(Layered Style)과 젠더리스가 주목되었고, 2020년에도 이러한 경향이 계속 유행하고 구체화되었다.

서울 패션위크에서 헤어스타일은 볼륨감을 크게 부각시키지 않고 최대한 깔끔한 이미지로 정돈하는 스타일이 부각되었고, 젠더리스에 어울리도록 남성은 짧은 머리의 고정관념 탈피와 네이프 라인 아래로 머리를 자연스럽게 기르고 레이어드 커트하는 스타일이 주목을 받고 있다.

여성 헤어스타일로 여성스러운 일자의 원랭스 스타일보다 길이감이 다양하고 샤프한 레이어드가 커트가 여성스러움보다는 중성적인 이미지와 함께 유행하였다. 또한 사랑스럽고 귀엽게 헤어에 포인트 줄 수 있는 볼드하고 화려한 머리띠가 등이 유행하였다.

(1) 블루 & 블랙 컬러의 유행

2020 팬톤이 선정한 최고의 컬러는 '클래식 블루'를 반영하여 트렌드 세터인 대중스타들의 헤어 컬러가 네이비 또는 블루 컬러로 변화되었다. 네이비나 블루 컬러는 동양인의 노르스름한 피부에 잘 어울리는데 주로 퍼스널 컬러가 웜톤(Warm Tone)인 피부 타입보다는 쿨톤(Cool Tone) 유형에게 더 잘 어울린다. 애쉬 헤어 컬러는 애쉬와 핑크, 블루, 퍼플, 그레이 등과 매치하여 컬러 체인지하면 세련된 이미지를 연출할 수 있고, 이때는 모발과 유사한 컬러렌즈와 메이크업이 같이 진행된다면 훨씬 더 세련된 이미지를 구축할 수 있다.

살롱하츠 GRAPHY 〈2020 여름 헤어 컬러 제안〉(http://salon-hearts.com/artfinger/detail_lookbook.html?product_no=1147&cate_no=53&display_group=1)

2020~2023년 남성 헤어스타일은 애즈 컷(펌), 리젠트 컷(펌), 가일 컷(펌), 크롭 컷, 아이비리그 컷 등이 유행하였다.

크롭 컷 울프 컷 애즈 펌

영남일보 위클리포유 [김지은의 헤어케어] 2020 남성 헤어 트렌드(https://www.yeongnam.com/web/view.php?key=20200410010000385)

2020~2023년 여성 헤어스타일은 긴 생머리, 슬릭번(일명 까치머리), 태슬 컷, 허쉬 컷(층을 많이 낸, 기장마다 다른 느낌 연출 가능) 등이 유행하였다.

애쉬 컬러 히피 펌 허쉬 컷

영남일보 위클리포유 [김지은의 헤어케어] 2020 여성 헤어 트렌드(https://www.yeongnam.com/web/view.php?key=20200410010000385)

(2) 2022, 2023 트랜드 헤어스타일링

① Long Hairstyling

㉠ 보더 펌(Border Perm)

● 부드럽고 산뜻함

● 헤어라인 쪽의 레이어가 부드럽게 가미되어 얼굴을 중앙으로 몰아주는 장점

● 둥근형, 각진형 얼굴 보완할 수 있다.

보더 펌

㉡ 슬릭 펌(Sleek Perm)

● Y2K 시절의 스트레이트펌 재해석

● 헤어라인에 긴장감을 주는 슬릭펌

● 오일, 에센스로 스타일링 마무리

슬릭 펌

ⓒ 트위트 뱅 스타일링(Tweed Bang)

● 헤어라인 잔머리를 이마라인에 바짝 붙여 애교스럽게 연출

● 이마가 넓은 사람에게는 추천하지 않는다.

트위트 뱅 스타일링

② Medium Hairstyling

㉠ 패닝 펌(Penning Perm)

● 부드러운 컬의 방향성이 풍성하고 모던한 보헤미안 감성 연출

● 툭툭 털어 말리기만 해도 자연스러운 컬링 연출 가능

● 숱이 적거나, 볼륨이 필요한 분과 장방향 얼굴형이나 각진형도 추천

패닝 펌

㉡ 태슬 컷(Tassel Cut)

● 모발 끝쪽을 슬라이스 테크닉을 사용해 가벼움과 무거움이 공존하는 디자인

● 도회적 이미지 연출

● 얼굴형에 따라 기장을 다르게 설정하는 것이 중요!!

● 둥근형 : 긴 기장감 + 사이드 뱅 연출

● 긴 얼굴형 : 짧은 기장감 + 앞머리 연출

태슬 컷

ⓒ 허쉬 컷(Hush Cut)

- 볼륨매직과 C컬 펌의 조화
- 볼륨감 살리면서 매력적인 스타일링 연출 가능
- 광대뼈 커버 가능. 긴 얼굴형이나 각진형이라면 옆볼륨 살리는 허쉬컷 추천

허쉬 컷

③ Short Hairstyling

㉠ 리프 컷(Leap Cut)

● 두상 자체의 라인감과 볼륨감 살릴 수 있는 꾸안꾸의 대표적인 커트 스타일

리프 컷

(3) Coloring

① 코럴 베이지(Coral Beige)

㉠ 가을 웜톤(Warm Tone) & 부드러운 느낌의 대표적인 색상

㉡ 모발에 따라 탈색의 횟수가 2~3회 정도 후 진행

코럴 베이지

(4) Dramatic Braids

① 베이비 브레이드(Baby Braid)

㉠ 앞머리 더듬이를 얇게 땋아주는게 중요!!

㉡ 모발이 어두운 경우 자칫 무겁고 촌스럽게 표현될 수 있음

베이비 브레이드

② 멀티 브레이드(Multi Braid)

두 가닥 및 여러 가닥으로 땋은 멀티 브레이드로 스포티한 이미지 연출을 할 수 있다.

멀티 브레이드

(5) 익스텐션 브레이드(Extension Braid)

컬러풀한 직물과 함께 땋은 익스텐션 브레이드로 자유로운 보헤미안 스타일링을 연출할 수 있다.

익스텐션 브레이드

(6) 액세서리(Accessory)

① 1990년대 스타일의 헤어 액세서리의 전성기를 불러왔다.

② 집게 핀, 진주, 비즈 장식, 리본 등을 활용해 레트로(RETRO) 감성 연출이 가능하다.

③ 화려한 액세서리일수록 포인트로 활용하고, 헤어스타일은 과하지 않게 연출한다.

2023년대 액세서리

참고문헌

강근영, 류지원, 오인영, 이숙연(2020), ALL ABOUT MAKEUP.

고애란(2010), 서양의 복식문화와 역사, 경기: 교문사.

곽형심, 권대순, 권태신, 김효정, 이수경, 장경옥, 허순득(2004), 미용문화사, 서울: 청구문화사 금기숙, 김민자, 김영인, 김윤희, 박명희, 박민여, 배천범, 신혜순, 유혜영, 최해주(2002), 현대패션 100년, 경기: 교문사.

김남희(2010), 동안(童顔) 열풍에 따른 뷰티 트렌드와 수용 형태 연구-메이크업과 화장품 산업을 중심으로-, 서경대학교 대학원 석사학위 논문.

김남희,오인영(2009). 동안 열풍의 사회문화적 배경과 골상학적 특징, 한국의류학회 제33권10호 pp.1530-1540..

김미정·원윤경·김미현(2007), 패션쇼에 나타난 퓨처리즘 메이크업의 특징에 관한 고찰 - 2000년대 초반을 중심으로-, 아시안 뷰티 화장품 학술지 제5권 제2호, pp.141-149.

김윤화(2023) MZ 세대의 미디어 이용 특징, 정보 통신 정책연구원, Jun,15.2023

김지연(2009), 패션과 메이크업 트렌드에 관한 연구, 한국디자인포럼 제22호, pp.179 - 192.

김지희, 정윤희, 황윤경(2006), 20세기 화장문화사, 서울: 경춘사.

다이애너 크레인, 서미숙 역(2000), 패션의 문화와 사회사, 서울: 한길사.

박소정, 오인영(2014). 뷰티문화사, 훈민사

박소정, 이혜진(2005), Basic Make up, 서울: 훈민사.

박은경(2019), 2010년대에 나타난 레트로 패션의 특성-2014 SS~2018 FW 컬렉션을 중심으로- 한국 패션디자인 학회지, 제 19권 1호(pp. 111~128).

백영자, 유효순(1998), 서양의 복식문화, 서울: 교학 연구사.

양선희(2023). 미디어가 재현하는'바디프로필 권하는 사회':MZ 세대를 중심으로, 한국소통학보 제 22권 2호, pp.7~36.

우혜진, 박지윤, 탁현아, 이규연, 이지혜, 성용준(2017). 자존감 불일치와 SNS 에서의 과시적 자기표현과의 관계, 한국심리학회지, 제 18권 3호, pp. 365-389.

이화순, 장미숙, 조기여, 이운현(2009), 미용문화와 시대 메이크업, 서울: 예림.

임미애, 설현진, 최미라(2009), 화장문화사, 서울: 도서출판 신정.

전선정, 안현경, 이귀영, 문윤경(2004), 미용 미학과 미용문화사, 서울: 청구문화사.

정흥숙(2011), 서양복식 문화사, 경기: 교문사.

조오순, 남윤숙, 박혜원, 오인영, 박은정(2008), 패션과 뷰티이야기, 서울: 경춘사.

홍수남, 권오혁(2021), 뷰티 트랜드, 구민사.

Ame McEvoy(2007), Fashions of a Decade, The 1990's, New York: Chelsea House.
Brownyn Cosgrave(2003), Costuem & Fashion-A Complete History, London: Harmlyn.
Colin Mcdowell(2000), Fashion Today, London: Phaidon.
David Thomson(2001), Hollywood-A Celebration, London: Doring Kindersley.
Fabienne Rousso, Francine Vormese(2000), Beauté du Siécle, Paris: Assouline
Francois Boucher(2004), A History Costume in the West, London: Thames & Hudson.
Kate Mulvey & Melisa Richards(1998), Decades of Beauty, 1890's~1990's, New York: Checkmark Books.
Nathalie Chahine, Catherine Jazdzewski, Marie-Pierre Lannelongue, Françoise Mohrt.
Richard Corson(1997), Fashions in Make up, London: Peter Owen.
Silvia Malaguzzi, 문경자 역(2007), 위대한 예술가의 생애 보티첼리, 서울: 마로니에 북스.
Stepano Ziffi, 서현주, 이화진, 주은정 역(2005), 천년의 그림 여행, 서울: 도서출판 예경.
Umberto Eco, 이현경 역(2005), Storia della Bellezia, 서울: 열린책들.
Vicky Carnegy(2007), Fashions of a Decade, The 1980's, New York: Chelsea House.

국회도서관, www. nanet.go.kr
국회전자도서관, dl. nanet.go.kr
나무위키(namuwiki, 검색일, 2023년 10월 12일)
통계청, kostat.go.kr
www.Kci, go, kr(한국학술지 인용 색인)
Kiss(Kiss, kstudy. com. 한국학술 정보)
www.rlss.kr(학술연구 정보 서비스

아시아 경제 2010.12.08. 박소연
영남일보. 2020. 04.10.
조선일보. 동안(童顔)의 비밀, 앳된 얼굴이 경쟁력, 한국은 지금 동안 열풍. 2006, 09, 28 기사
조이 뉴스24 2014.03.09. 정소희 기자
파이낸셜 뉴스 2014.02.14. 허진미 기자
한국경제 2013.10.10.

http://salon-hearts.com/artfinger/detail_lookbook.html?product_no=1147&cate_no=53&display_group=1
http://www.beautyhankook.com/news/articleView.html?idxno=50262#0FZs
http://www.geniepark.co.kr/news/articleView.html?idxno=49990
https://blog.naver.com/qmfosej/222585569569
https://m.thesingle.co.kr/article/713717/THESINGLE
https://mdesign.designhouse.co.kr/article/article_view/102/84193

https://news.mt.co.kr/mtview.php?no=2022101915481949516
https://post.naver.com/viewer/postView.naver?volumeNo=27717937&memberNo=47110751
https://www.chahong.com
https://www.elle.co.kr/article/7366
https://www.fnnews.com/news/202003051037475832
https://www.harpersbazaar.co.kr/article/66762
https://www.pinterest.co.kr/pin/111886371983582567/?mt=login
https://www.vogue.co.kr/
https://www.vogue.co.kr/2019/12/06/2020%EB%85%84%EC%97%90%EB%8A%94-%ED%81%B4%EB%9E%98%EC%8B%9D-%EB%B8%94%EB%A3%A8/ https://www.vogue.co.kr/2022/10/12/301239/?utm_source=naver&utm_medium=partnership
https://www.yeongnam.com/web/view.php?key=20200410010000385
https://www.yeongnam.com/web/view.php?key=20200410010000385